欧洲景观艺术

彭军　高颖　张品　李兆智　编著

U0312908

天津大学出版社
TIANJIN UNIVERSITY PRESS

图书在版编目（CIP）数据

欧洲景观艺术 / 彭军等编著. —天津：天津大学出版社，2015.8
ISBN 978-7-5618-5406-8

Ⅰ.①欧… Ⅱ.①彭… Ⅲ.①城市景观-研究-欧洲 Ⅳ.①TU-856

中国版本图书馆CIP数据核字（2015）第209449号

出版发行：天津大学出版社	开本：210 mm×285 mm
地址：天津市卫津路92号天津大学内	印张：12
电话：发行部 022-27403647 编辑部 022-27406416	字数：397千字
网址：publish.tju.edu.cn	版次：2015年9月第1版
印刷：北京信彩瑞禾印刷厂	印次：2015年9月第1次
经销：全国各地新华书店	定价：68.00元

如有印装质量问题，请与本社发行部门联系调换

前言

从世界范围看，几乎所有的发达国家都非常重视城市景观艺术建设，因为它们关乎一个城市乃至国家的形象与品位，是现代城市文化的载体，是时代经济、技术与文化的外在反映，并能提高民众的生活品质、提升城市的精神内涵。欧洲的城市景观艺术通过其自身的特征，在默默体现其公共性的同时，也感动着穿行而过的人们。

本书共分为两章，第一章从水景观、景观建筑小品、景观铺装及附属设施、植物造景、涂鸦艺术、夜景照明等六个方面讲述欧洲城市公共景观设计。第二章为建筑细部及装饰艺术，包括柱式、门窗、阳台、建筑雕饰、屋顶、壁龛、护栏、台阶等内容。

本书是作者多年来从事环境艺术设计专业相关课程的教学、科研工作的调研辑录，也是对欧洲城市景观亲身考察的真实感受，综合了多年的教材积淀和最前沿的一手素材。本书在写作深度、广度等方面都充分尊重环境设计专业独有的特征，是适用于环境艺术设计专业相关课程的专业教材；是适用于建筑设计、城市规划设计、城市景观设计等相关专业的辅助教材；也是适合建筑、园林景观、城市规划等相关专业设计师的参考资料。此外，本书还是天津市社科类市级科研课题《用设计诠释生活——欧洲城市景观当代特征研究》的重要组成部分，是天津美术学院"十二五"规划资助教材项目之一，是天津市市级精品课程"景观艺术设计"的完善与延展。

作者通过对欧洲主要国家城市的实地考察深切地体会到，欧洲城市景观在整体规划的科学性、设施配套的完整性、设计形式的创新性以及与实用、美观、趣味的完美结合，尤其是对人性的关怀等诸多方面都值得我们深入研究。希望通过学习与借鉴欧洲城市优秀的公共艺术作品，使我们能够从中得到有益的启示。本书所采用的图片素材是从作者现场拍摄的近7万张照片中精选而得，资料翔实、完整。由于作者专业知识和水平有限，加之编写时间仓促，书中难免有所错漏，诚邀广大读者提出宝贵建议，在此先表示诚挚的谢意。

天津美术学院建筑与环境艺术学院院长　彭军

2015年6月

目录

概述 欧洲景观艺术

　　欧洲是人类文明的主要发祥地之一，先后孕育了古希腊、古罗马、拜占庭、哥特、文艺复兴、巴洛克、洛可可、新古典主义等建筑风格。行走在欧洲大陆，通过这些"石头书籍"，仿佛在阅读一部伟大的建筑史，同时也是一部华丽的人类艺术史（见图1）。同样是这片土地，也成为现代艺术设计的摇篮，工艺美术运动、新艺术运动、构成主义、功能主义、有机建筑、未来派建筑、粗野主义、象征主义、典雅主义、现代主义、后现代主义、解构主义等竞相登场，异彩纷呈（见图2）。

图1 法国凡尔赛宫花园

图2 法国巴黎拉维莱特公园

图3 法国凡尔赛宫花园

　　欧洲景观艺术历史悠久，起源于3000多年前的古希腊、古罗马，历经意大利台地园，法国勒·诺特尔式园林，英国自然风景园，各时期风格迥异而又一脉相承，均达到极高的艺术造诣，无不成为人们向往的"胜地"（见图3、图4）。

　　近代工业革命在欧洲率先爆发，使欧洲在世界建造技术、设计理念等诸多领域占据领先地位。深厚的传统园林文化底蕴结合现代工业文明的成果，牵着技术的手，走着艺术的路，孕育了欧洲现代城市景观设计的繁荣发展（见图5、图6）。

图4 意大利罗马兰特庄园

图5 德国科隆现代城市景观

图6 挪威奥斯陆现代园林景观

　　由于对自身文化的认同和百年如一日的历史文化情愫，加之对传统建筑与自然环境的无上尊重，今天的欧洲并没有照搬美国式的摩天大楼，而是展示给我们另一种城市发展模式，一种诠释人类在追求现代生活的同时，该如何对待自己的城市文化、自然风貌和历史传统的模式。

　　1.尊重传统，反对模仿

　　自20世纪三四十年代以来，美国现代景观规划设计实践与理论对世界的影响越来越大，但欧洲当代景观设计却逐渐显现出一种摆脱美国影响的力量，尤其是20世纪90年代以来，一些年轻的设计师反感当代美国用金钱堆砌出来的所谓工业或后工业时代景观，反对用奢华材料做出来的优雅，反对单纯的功能至上，更加反对国际化的泛滥。他们转而从园林文化传统中寻找现代景观设计的固有特征，寻求历史与现实有机契合的、创造性的、充满生机的环境。然而尊重不等同于遵从，他们继承其精神而非形式，除了为修复古迹而做的复古园林，绝对不会去做仿古作品（见图7）。

　　2.强调本土化的地域景观特征

　　本土文化是一种具有浓郁地方色彩并带有历史传承性，体现地方人文和自然特色的地域文化。本土文化与现代景观设计是相辅相成的。首先，本土文化是现代景观设计的前提，在进行景观设计时，由于地域和民族的不同，要考虑到不同地区的地理、气候、民俗风情以及本土文化等因素。其次，一个民族历经多年所形成的民族精神、符号、艺术等，如果不被后人继承与传扬，就会渐渐没落，直至消失。

随着信息革命的全球化，各种表现语言呈现多元化趋势，本土文化所占的比重越来越小，因此我们更需要通过景观艺术设计来继承和传扬本土文化（见图8）。

3.以人为本的理念

设计的根本目的就是处理好人与物之间的关系，人性化的设计越来越引发大家的关注。如今，在我们的城市里，能见到越来越多的手拉环、盲文指引、斜坡、专用盲道、无障碍公共厕所等，这些都是从使用者的角度出发，以人为本的公共设施设计，力求达到功能性与舒适性的最佳结合（见图9）。

4.绿色生态设计

绿色设计是20世纪80年代末出现的一股国际设计潮流，反映了人们对于现代科技文化所引起的环境及生态破坏的反思。在这个大背景下，"绿色设计"被提出来，它主要宣扬的是"3R"思想，即Reduce、Recycle、Reuse。它要求不仅要减少物质和能源的消耗，减少有害物质的排放，而且要使产品及零部件能够方便地分类回收并再生循环或重新利用。

图7 法国巴黎贝希公园

图8 丹麦哥本哈根长堤公园

例如在水景方面的处理更加生态与科学，一些工业废弃地的改造通过雨水利用与回收解决大部分的景观用水；园中的地表水汇集到高架桥底被收集后，经过一系列净化处理后得到循环利用，不仅形成了落水景观，同时也实现了水资源的充分利用（见图10）。

图9 法国巴黎贝希公园

图10 法国巴黎 Jardins d'Eole公园

5.多元化的发展

信息革命拉近了人们的交往距离，社会也比以往更宽容地容纳各类思潮和各种尝试，很难再有一种设计风格主导天下的情况。现代主义仅仅是影响城市景观设计风格的多种思潮之一，在各种主义与思潮多元并存的当代，城市公园设计呈现出与其他设计类别一样前所未有的多元化与自由性特征。折衷主义、历史主义、波普艺术、解构主义、极简主义、结构主义等都成为设计思想的源泉（见图11）。

6.兼顾新技术的应用与艺术的创造

景观设计是一门随着时代发展而产生的学科，也是一门融艺术和技术于一体的学科，成熟的景观是文明社会发展的产物。艺术具有穿透人类灵魂的能力，城市景观设计无疑是一门艺术，是书写人类思想的一种方法，可以说它是城市设计之中最具代表性的标点符号。当下，科技已经成为人类社会生活的一

图11 法国里尔JeanB aptiste公园

种决定性力量，科技的飞速发展为城市园林景观设计提供了较之以往丰富得多的技术手段、新型材料和设计元素，使城市景观在短时间内出现量与质的巨大变化。现代景观构成是多层次、多方位的，景观设计的技术性就在于用合理的技术手段将景观的艺术性更完美地表现出来（见图12）。

图12 法国巴黎贝希公园

综上所述，当代全球化的快速进程使全世界共享进步的成果，也使各个国家、地区更注重自己独有的地域文化特征。在世界多元化的图景中，当代欧洲景观设计正逐渐呈现出独特的观念与形式。设计师从传统园林文化中吸取养料，从现代艺术形式中获得启发，在当代科学技术的引领下，凭借其文化的多样、善变和进取精神，在重新审视传统的同时，以其深邃的历史底蕴、先进的营造技术、超前的设计理念，将欧洲当代景观设计带入独树一帜的新境界，并积极地影响着其

图13 法国巴黎布伦公园

图14 法国巴黎美丽城公园

图15 德国汉堡阿尔斯特湖滨水景观

他地域环境的景观设计走向。他们开始尝试让遥远的历史和新近形成的传统和谐起来，不仅追求形式与功能，而且体现叙事性与象征性；不仅关注空间、时间、材料，还把人的情感、文化联系纳入设计目标中；不仅重视自然资源、生物节律，还把当代艺术引入人类日常生活中。

如今，"全球化"成为一种趋势，当代欧洲城市景观艺术设计无疑会对我国城市建设产生重要的影响，无论是从景观的营造技术、城市景观设计实践，还是理论的系统性等诸多方面都值得我们借鉴（见图13～图15）。

第一章 公共景观艺术

　　"景"是任意一个特定场景的统称，"观"是人对景的认识、感受和评判，"景观"是人的户外生存环境在视觉上的体现，"设计"是以人的意志对客观事物的综合、整理和改变。

　　任何景观的设计都离不开对视觉体验的追求，人类创造景观的目的就是为自身提供愉悦舒适的生存环境。在视觉上追求美是景观创造的目标。通常美的体现是人类感受的升华，是人类精神层面的刺激和享受，人类可利用多种手段表达这一情感上的追求，其中最简捷也是最直接的就是艺术创作。因此，美与艺术体现在人类生活的各个角落，由它们构成的环境就成为可以愉悦自身、陶冶情操的公共景观艺术（见图1-1、图1-2）。

　　公共景观设计的内容非常庞杂，范畴涉及建筑物、市政设施以外的地面上可视的各种内容，大体上包括：已有建筑的外檐、招牌、照明设施（夜景灯光）、小品、雕塑、城市家具设施、地面铺装、各类水体水景、各种绿化种植、小范围的地表收水排水设施、小范围的地形改造、生态恢复和生态保护等（见图1-3～图1-6）。

图1-1 法国巴黎大西洋公园

图1-2 德国卡塞尔城市景观

图1-3 法国巴黎Georges Brassens公园

图1-4 法国巴黎美丽城公园

图1-6 德国斯图加特城市景观

图1-5 德国吕贝克城市景观

第一节 水景观

水景是景观设计中的重要造景要素，在所有景观设计元素中最具吸引力。它极具可塑性，可静止，可活动，可发出声音，可以映射周围景物等特性。它既可以单独作为造景的主体，也可以与建筑物、雕塑、植物或其他景观要素结合。景观设计大体将水体分为静态水和动态水，静时安宁，动有灵性。自然式景观主要运用静态的水景，以表现水面烟波浩瀚的寂静深远；动态的水一般指人工景观中的喷泉、瀑布、流水等；二者并用可以形成动静结合、错落有致、自然与人工交融的水景，再辅以灯光、喷泉、绿化、栏杆等装饰，可形成城市及居住区内的标志景观。

一、喷泉

喷泉是人工构筑的整体或天然泉池，以喷射优美的水形取胜，常以水池、彩色灯光、雕塑、花坛等组合成景，多置于建筑物前、绿地中央等处。从古希腊、罗马时代起，喷泉就一直是欧洲生活空间中最浪漫的景致之一，形态丰富，神韵盎然，无不引人驻足、赞叹。喷泉不单是物质景观，更是文化景观，是欧洲生活的灵动延续，有些甚至成为城市的代表，如"撒尿男孩"已经是比利时首都布鲁塞尔的标志了。欧洲的城市多喷泉，其中既有以传说中的动物为主题的，也有以古希腊的神话传说以及宗教为主题的，亦有现代主义乃至超现实主义风格的。

1.斯洛伐克布加迪斯拉发罗兰喷泉

市中心老广场中间的罗兰喷泉建于1527年，是城里最古老的喷泉。它是由一位来自阿尔滕堡的石匠雕成的，在一个直径9米的圆槽内耸立着一根10.5米的高柱，柱顶有一尊身着盔甲的城市守护神——罗兰骑士雕像。罗兰喷泉的名字语带玄机，因为它是16世纪为庆祝马克西米连国王加冕而建，而且喷泉顶端手持宝剑、身穿盔甲的英武塑像貌似马克西米连，所以也叫马克西米连喷泉。罗兰其实是凯撒查理大帝的宫廷骑士，传说罗兰每年会复活两次，在新年的午夜下来兜风，在耶稣受难日下午三时则拔刀出鞘，绕着喷泉漫步（见图1-1-1）。

图1-1-1

European Landscape Art

2.德国柏林海神波塞冬喷泉

其名字取自罗马神话中的尼普顿,即海神。其始建于1891年,由贝加斯设计,原位置在皇宫南面,1969年装修后移到市政厅前的亚历山大广场上。这是一个想象力丰富、造型美观、雕刻精细的喷泉,中间生动活泼的造型喷口意味着德国的4条大河,即莱茵河、威悉河、奥德河和易北河。具有亲和力的布局以及可爱的小鱼、小蟹、蜗牛和鱼网的表现十分有趣。海神铜像的周围围绕着几个女神像,形态各异(见图1-1-2 ~ 图1-1-4)。

图1-1-2

图1-1-3

图1-1-4

图1-1-5

图1-1-6

图1-1-7

3.意大利佛罗伦萨市政厅广场海神喷泉

这组喷泉雕塑是1565年在弗朗切斯科一世德·梅第奇和奥地利的约翰娜举行婚礼之际下令修建的，海神尼普顿的面孔很像弗朗切斯科，暗喻佛罗伦萨的海上统治权。尼普顿是罗马神话中的海神，即希腊神话中的波塞冬。白色的海神雕像竖立在八角形喷泉中间高高的底座上，佛罗伦萨人称它为"大白雕"。水池底座四周装饰着被铁链锁住的神话人物青铜雕像（见图1-1-5～图1-1-7）。

4.奥地利维也纳美泉宫大花园海神喷泉

这个喷泉于1780年修建，依山而建，背后是缓缓上升通向凯旋门的倾斜山坡，前部是宽广的水池，与美泉宫宫殿的南向露台遥遥相望。水池的中央是一组根据希腊海神的故事塑造的乳白色雕塑，造型生动而有张力（见图1-1-8）。

图1-1-8

图1-1-9

图1-1-10

图1-1-11

5.意大利罗马海神喷泉

该喷泉坐落在意大利罗马纳沃纳广场的北端，又被称作特莱维喷泉（Trevi Fountain）、"少女喷泉""许愿泉"，总高约25.9米，宽约19.8米，是罗马五大喷泉之首，也是全球最大的巴洛克式喷泉。整个喷泉气势磅礴、大气恢宏、泉水清澈，历时30年才建成。

该喷泉以罗马神话中海神尼普顿战胜归来为题材，站在正中由两匹骏马牵引的海贝形战车上的就是海神，四周环绕着西方神话中的诸神，两侧是骑着马的半人半鱼海神，左边的狂放不羁，右边的温顺安详，分别象征着暴风雨中的大海（左边）和风平浪静的大海（右边）。海神后面左右各有一位女神雕塑，代表着丰裕和健康。背景建筑是一座海神宫，柱子顶端有四位持不同神器的女神，分别代表着春、夏、秋、冬四个季节。诸神雕像的基座是一片看似零乱的海礁，每一个雕像神态都不一样，栩栩如生（见图1-1-9～图1-1-11）。

6.法国巴黎凡尔赛大花园海神喷泉

这是凡尔赛宫花园里最大的喷泉，建造了整整60年。该喷泉有一个宏伟的池座，沿着坡度放置了22个装饰用的铅制花瓶。中央是尼普顿和他美丽的妻子安菲特里忒的雕塑，分列在喷泉两侧（见图1-1-12、图1-1-13）。

7.法国巴黎凡尔赛大花园拉冬娜喷泉

希腊神话中尼姆法·拉冬娜是宙斯的情人，也是太阳神阿波罗的母亲，因躲避嫉妒的赫拉的追捕，被迫躲到寸草不生的德罗斯岛上。又累又渴的女神向岛上的人要水，但遭到拒绝，于是她勃然大怒，把他们都变成了青蛙。在这个岛上，诞生了金色卷发的阿波罗神和他的

图1-1-12

图1-1-13

图1-1-14

妹妹阿美米达，当时金光四射，使德罗斯岛上的岩石像镀了金一样。根据这个古希腊神话，池子的边缘是向心的圆形，中心像金字塔一样向上隆起，上面坐着青蛙和一些看似人、但面部却是青蛙的奇怪人物，这些人物喷出无数水柱。矗立在最顶端的拉冬娜女神一手揽着年幼的阿波罗，一手揽着阿美米达，若有所思地向西望着（见图1-1-14、图1-1-15）。

8.法国巴黎凡尔赛大花园阿波罗喷泉

这个喷泉雕塑表现了英姿勃发的太阳神阿波罗在旭日东升之时，驾着一辆四马战车破水而出，向西开始他一天巡行的场景，几个海妖手持海螺吹奏着，宣告阿波罗的降临。这个喷泉是花园中最壮观的喷泉，也是整个花园的核心。每到整点，众泉喷发，水雾腾跃，彩虹横空，十分壮观（见图1-1-16、图1-1-17）。

图1-1-15

图1-1-16

图1-1-17

图1-1-18

9.意大利罗马西班牙广场小舟喷泉

这座喷泉建成于1629年，是巴洛克大师济安·贝尔尼尼的父亲彼得·贝尔尼尼的作品，创意来自于特韦雷河台伯河的一次决堤，一只被水推到这里的小舟。传说教皇伍朋八世因为对这船有深刻的印象，所以在此建造了破船喷泉。喷泉被设计在路面以下，水从半隐半现的船体四周缓缓溢出（见图1-1-18）。

10.法国巴黎协和广场海神、河神喷泉

该喷泉建成于1840年，坐落在法国巴黎著名的协和广场，北边是河神喷泉，南边是海神喷泉，体现了当时法国高超的航海及江河航运技术。在圆形的海神喷泉喷水池中，一群裸体女神各抱金色的鲤鱼、海豚等沿池一圈，鱼、豚的大嘴都有扬程高达数米的喷泉向中心喷射，水花飞溅，宛若仙境。三仙子是海洋的珍珠仙子、贝壳仙子和珊瑚仙子，主神是男性的大西洋海神（见图1-1-19）。河神喷泉中心有上下两组雕塑，上层是几个赤裸稚嫩、人见人爱的小天使戏水，下层是三位姿态各异、上半身赤裸、着绿色长袍的仙女，簇拥着美丽的莱茵河女神，她们是怀抱葡萄的收获仙子、手捧鲜花的爱情仙子和象征甜蜜的水果仙子（见图1-1-20）。

图1-1-19

图1-1-20

图1-1-21

11.法国巴黎拉德芳斯喷泉

这是世界上最早的音乐喷泉，是以色列艺术家阿加姆在1977年创作的。喷泉在中心广场的中心，水池的形状如钢琴的键盘，每一个键是一个色块，以暖色为主，在灰色的建筑背景下灿烂夺目。作品有66个呈"S"形布置的喷头，喷出1～15米高的水柱，随着音乐的变化，水柱有时轻歌曼舞，有时又劲拔高耸，能表演格什温的《蓝色狂想曲》、柴可夫斯基的《悲怆交响曲》、佩潘和阿乐纳德合作的《水上芭蕾舞曲》等十多个精彩节目。在绚丽多彩的水柱间还配有鲜艳夺目的火花，火花是从特制的火花喷射管中喷出的，与水花交织在一起。此作品中将声学、光学、视觉融于一体，运用了现代的机械、电子、雕塑、园林等各方面的技术手段，营造出了全方位的视听盛宴（见图1-1-21）。

图1-1-22

图1-1-23

12.法国巴黎雪铁龙公园喷泉

这组喷泉位于法国巴黎雪铁龙公园的最高点，全园的主体建筑两个大温室前。在倾斜的花岗石铺装广场中央，由80个喷头组成的自控喷泉成为全园中心轴线的起点（见图1-1-22）。

图1-1-24

13.瑞典斯德哥尔摩喷泉之一

该喷泉位于瑞典首都斯德哥尔摩市政厅前的绿地中，喷泉池壁的轮廓取自蚌壳的曲线，突出了这个由13个岛屿构成的滨海城市鲜明的地域特色。喷泉喷头不是在水池中心，而是偏向一侧，加强了与人的亲近感（见图1-1-23）。

14.瑞典斯德哥尔摩喷泉之二

喷泉周围是天然石块的驳岸和丛生的亲水植物，水平方向喷射的水柱相互交错，共同营造出一个幽静而又显活泼的环境（见图1-1-24）。

15.捷克布拉格喷泉

喷泉位于捷克首都布拉格老皇宫前，分三级跌落，水柱从最上面的石狮口中喷出，落在第一层由两个人身鱼尾力士承托的水盆中。第二层的水盆雕刻更精美，承托它的力士也变为四个，与四个喷水兽头相对应（见图1-1-25）。

图1-1-25

图1-1-26

16.挪威奥斯陆喷泉

该喷泉位于挪威首都奥斯陆滨海新区，水池池壁由起伏的地面构成，铺装材料完全一致，增强了开放性，满足人们亲水的心理。浅浅的水面，竖直向上的图腾柱子，细细的水柱呈抛物线洒落下来，构成优美的画面（见图1-1-26）。

17.奥地利因斯布鲁克喷泉

该喷泉位于奥地利因斯布鲁克施华洛世奇水晶世界公司总部的入口处，水自被称为"阿尔卑斯喷泉巨人"的口中喷涌而出，"巨人"之后的覆土建筑就是著名的水晶博物馆，水景、植物、雕塑共同营造出一个"现实中的童话世界"（见图1-1-27）。

18.奥地利维也纳喷泉

该喷泉坐落在奥地利首都维也纳著名的奥匈帝国君主的夏宫——巴洛克风格的美泉宫宫殿前。根据希腊神话故事塑造的雕塑被安置在水池中央，与水池喷泉景观相结合，动的水与静止的雕像相互映衬（见图1-1-28）。

图1-1-27

图1-1-28

图1-1-29

19.奥地利萨尔斯堡喷泉

这个大型喷泉坐落在奥地利萨尔斯堡著名的米拉贝尔花园内，在弥漫着童话般情调的典型的巴洛克式园林中央。水池呈正八边形，由许多希腊神话中的人物雕像以及精美的花坛所包围，高耸的水柱成为此处的视觉中心（见图1-1-29）。

20.意大利维罗纳喷泉

细细的水柱呈向心圆排列，喷出的水柱回落到中央石材雕塑的小品上，发出动听的声响。前面的标牌向游人介绍了维罗纳这座"极高雅的城市"著名的景点，诸如阿莱纳圆形大剧场、朱丽叶的阳台等（见图1-1-30）。

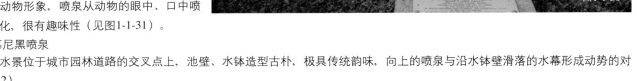

图1-1-30

21.德国法兰克福喷泉

这是一个位于城市商业步行街中的休闲性喷泉，有诸多人物、动物形象，喷泉从动物的眼中、口中喷出，非常生活化，很有趣味性（见图1-1-31）。

22.德国慕尼黑喷泉

这个喷泉水景位于城市园林道路的交叉点上，池壁、水钵造型古朴，极具传统韵味，向上的喷泉与沿水钵壁滑落的水幕形成动势的对比（见图1-1-32）。

图1-1-31

图1-1-32

图1-1-33

图1-1-34

23.德国斯图加特喷泉

壁泉是欧洲古典主义风格水景中永恒的主题，通常水柱从人物头像的口中喷出。这个喷泉的石碑、碑座、圆形水池浑然一体，成为建筑角落中灵动的装点（见图1-1-33）。

24.德国萨尔布吕肯喷泉之一

萨尔布吕肯曾经是德国重要的工业城市之一，这部分墙面是旧厂房保留下来的，斑驳的色彩述说着它的沧桑，横向喷出的水柱柔化了建筑，使其焕发了生命力（见图1-1-34）。

25.德国萨尔布吕肯喷泉之二

该喷泉体量不大，很适宜幽静的空间环境。低矮的绿篱植物围合出的边界很好地和周边环境相融合，花岗岩石钉的铺装彰显了它的古朴，加之水柱回落的声响，颇有"鸟鸣山更幽"的意境（见图1-1-35）。

图1-1-35

26.德国德累斯顿喷泉

该喷泉位于德国德累斯顿茨温格宫，在这座巴洛克风格的宫殿庭院里，设计者采用精美繁复的雕刻、神话题材的壁龛、水池喷泉等造景手段，共同营造出华丽雄壮的艺术效果，予以观赏者强烈的视觉、听觉刺激（见图1-1-36）。

图1-1-36

图1-1-37

图1-1-38

27.德国乌尔姆喷泉

这个喷泉设计独特，一反常态，水向斜下方喷出，推动着水体沿斜坡滑落，在光线的照射下，产生波光粼粼的效果（见图1-1-37）。

28.德国莱比锡喷泉

这是一组坐落在城市步行商业街上的小景，旱喷水柱给夏日的人们带来清凉，起伏的石块仿佛是山的剪影，使得水景更加娇媚动人（见图1-1-38）。

29.德国海德堡喷泉

几股喷泉水从高低起伏、参差错落的石块缝隙中喷涌而出，让人们不由地感受到水的力量，颇有"水滴石穿"的意味，别有新意（见图1-1-39）。

图1-1-40

图1-1-39

图1-1-41

30.德国杜塞尔多夫喷泉

高低、体量不同的三角形构筑物与扬程逐渐增大的喷泉和谐地搭配在一起，相互映衬，在有限的进深里营造出了丰富的景观层次（见图1-1-40）。

31.德国柏林喷泉之一

这个街头公共空间环境的景观内容非常丰富，水景与暖色石材及黑色铁艺制作的雕塑小品巧妙结合，喷水形式多样，形成多个场景片段（见图1-1-41）。

图1-1-42

图1-1-43

图1-1-44

32.德国柏林喷泉之二

这几组喷泉位于德国柏林国会大厦前的广场上，条带状的旱喷与条带状的草坪绿地交错排列，既规整又不失活跃（见图1-1-42）。

33.德国汉堡喷泉之一

这是古典主义题材的喷泉景观，无论是水池的平面还是池壁的剖面都源于经典几何形。雕塑表现了人头马身的神话人物奋力捕捉大鱼的场景，水柱从鱼嘴、号角中喷出，形态写实、逼真（见图1-1-43）。

图1-1-45

34.德国汉堡喷泉之二

这是德国汉堡环城公园中的一景，水池后面是高大的乔木，前面是宽阔的草坪。每到夏日的夜晚，大型音乐喷泉喷涌而出，在高大的乔木的映衬下还不时地变换着颜色，是人们欣赏美景、消暑纳凉的绝佳去处（见图1-1-44）。

35.德国汉堡喷泉之三

该喷泉位于公园的边缘，喷泉水柱组合成扇面形状，新颖独特，把原本封闭的地方打造成了可让人驻足观赏的迷人景致（见图1-1-45）。

二、跌水

跌水按跌落形式分为滑落式、阶梯式、幕布式、丝带式等多种，并可模仿自然景观。采用天然石材或仿石材设置瀑布的背景和引导水的流向。人工瀑布随水量不同会产生不同的视觉、听觉效果，因此，落水口的水流量和落水高差的控制成为设计的关键。

European Landscape Art

1.法国巴黎跌水之一

草坪中的水体沿着阶梯层层跌落，左右还配以喷泉，层次丰富且有韵律感。远方竖向的镀金胜利女神像与水平向的水景既形成对比，又浑然一体（见图1-1-46）。

2.法国巴黎跌水之二

这个水池虽小却富于变化，一个方向为三级跌落，水池为圆弧形；另一个方向是二级跌落，水池为矩形，从不同的角度都可以获得不同的视觉感受（见图1-1-47）。

图1-1-47

图1-1-46

图1-1-48

3.法国巴黎贝希公园跌水

设计者充分利用地形的高差变化创造了这样一处气势磅礴的瀑布跌水景观，水从高处经过许许多多的台阶跌落，声音异常宏大，更增强了其气势（见图1-1-48）。

4.法国巴黎跌水之三

金属制成的水体现代感很强，水池边缘圆角的处理保证了水像一匹光滑无比的幕帘一样垂落下来，给人精致的感觉（见图1-1-49）。

5.丹麦哥本哈根跌水

水池高处是丹麦著名雕塑家彭高根据女神吉菲昂下凡，把自己的四个儿子变成了四头牛，竭尽全力把丹麦从海里拉上来的神话塑造的青铜雕塑。泉水从牛的鼻孔和犁铧间喷射而出，分三层跌落，气势磅礴，充满了力量的美（见图1-1-50）。

图1-1-49

图1-1-50

图1-1-51

图1-1-52

6.瑞士萨夫豪森跌水

该景观位于瑞士莱茵河瀑布附近，水体在自然的山石之间多层跌落，仿佛是柔滑无比的丝绸，给人极其美的感受（见图1-1-51）。

7.奥地利因斯布鲁克跌水

这是建筑围合庭院之中的一个小景观，由花岗岩制成两个大小不同的矩形水槽，水从中间的开槽中跌落，体量虽小，但活跃了小环境（见图1-1-52）。

8.德国慕尼黑跌水

水钵为两层跌落加之水池的跌落，再配以多种形式的喷水处理，营造出非常丰富的水景效果（见图1-1-53）。

图1-1-53

9.斯洛伐克布加迪斯拉法跌水

这个由跌水、喷泉、雕塑组成的水景观非常精致，在沿着水钵边缘跌落的水幕后面，四个儿童雕塑形态各异，水柱从与他们嬉戏的鱼嘴中成不同角度喷出，与背后精美的巴洛克式古典建筑相得益彰（见图1-1-54）。

10.德国斯图加特跌水之一

这是一个现代感很强的水景，上部金属材质的水槽非常轻盈，色彩与下面的石材协调统一，尤其是正面出水口造型非常传神，重点突出（见图1-1-55）。

图1-1-54

图1-1-55

图1-1-56

图1-1-57

11.德国斯图加特跌水之二

水体从最上面的水钵跌落下来，从下一层水钵狮子的口中喷出。最下面鱼的眼中、口中也有水喷出，形成了多层次、形式丰富的古典风格水景（见图1-1-56）。

12.德国特里尔跌水

在雕像正八边形石材基座的侧面，有喷水的狮子与盾牌间隔排列，下面四个圆碗形的水钵也有狮子造型的喷水口，体现了古典主义风格的严谨。顶端矗立的青铜人物雕像高高在上，突出了其尊贵荣耀的地位。（见图1-1-57）。

13.德国德累斯顿跌水

这个水池位于德国德累斯顿新城区的商业步行街上，水从车轮状的托盘中沿曲线流动、跌落，非常有动感（见图1-1-58）。

14.德国科布伦茨跌水

这个水景底盘是金属制成的，模拟山石的形态，水从其中喷涌而出，沿着地势自然跌落。整个水景体量不大，但与中国古典园林"咫尺山林"的追求异曲同工（见图1-1-59）。

图1-1-58

图1-1-59

图1-1-60

图1-1-61
图1-1-62

15.德国纽伦堡跌水

这个景观屹立在城市商业步行街上，水从大小不一的金属圆碗中一层又一层地跌落，具有很好的环境装饰效果（见图1-1-60）。

16.德国多特蒙德跌水之一

这是一个运用多种现代景观技术和手法，同时又能体现欧洲传统水景意韵的水景观（见图1-1-61）。

17.德国多特蒙德跌水之二

这个体量较大的水景处于城市广场上，充分结合了地形变化，红砖的规整边界和灰色花岗岩石钉的自然起伏，共同限定了水体的跌落与流动，规整中蕴含着自然（见图1-1-62）。

18.德国汉诺威跌水

这组跌水坐落在汉诺威海恩豪森花园里，盛水的水钵用自然石块砌成，一层层逐级凸出，与壁龛、雕像共同营造出一派人间的仙境（见图1-1-63）。

图1-1-63

图1-1-64

图1-1-65

图1-1-66

19.德国柏林跌水

这个公共建筑基部的水池很浅，跌落的高差很小，让人感到干净透彻。当人们沿着有些许坡度的便道前行时，就会与落水形成动态的呼应（见图1-1-64）。

20.德国汉堡跌水

大小不一、出挑不同的水口探出墙面，错落有致，结合流动的落水，构成了极具韵律和动感的景致（见图1-1-65）。

三、水池

水池指园林景观中的人工湖、河道及景观水池，以静态的水景为主，以表现水面平滑如镜、烟波浩瀚的寂静深远，既安详，又有灵性。其主要形式有生态水池、游泳池、涉水池、倒影池等。

1.法国巴黎水池之一

设计水池的重点在于设计水池的驳岸，临教堂部分的驳岸与休息座凳、休闲小径、栈桥充分结合在一起，给人们提供了一个休憩娱乐的外部环境（见图1-1-66）。

图1-1-67

图1-1-68

2.法国巴黎水池之二

这是一个自然式的水池，缓坡草坪直接铺到水边，隔水眺望对岸层次错落的树丛，令人心旷神怡（见图1-1-67）。

3.法国巴黎水池之三

这是园林中的一个水池小景，驳岸为自然的、流动感很强的曲线，局部点缀以石块，加上自然的植被，营造出了轻松的户外空间（见图1-1-68）。

4.丹麦哥本哈根水池

在水池中设岛，岛的边缘建造成很陡的坡，深得欧式传统园林水景的精髓，又体现出了北欧现代景观的精致（见图1-1-69）。

图1-1-69

5.瑞典斯德哥尔摩水池

这是城市公共园林中的小水景，充分利用了草坪的坡度，水从石块的缝隙中蜿蜒流下，汇聚在下部的水池中，模拟着自然界的规律（见图1-1-70）。

图1-1-70

图1-1-71

图1-1-72

图1-1-73

6.挪威奥斯陆水池之一

整个水池为规整的矩形，沿着其长度方向设置建筑，加大了观赏视距，能更好地体现出建筑及水中倒影的美景（见图1-1-71）。

7.挪威奥斯陆水池之二

水池及其周边环境完全由自然元素构成，给身处其中的人们一种北欧版"天人合一"、"物我两忘"的心理感受（见图1-1-72）。

8.挪威奥斯陆水池之三

居住环境与自然景色隔河相对，隔岸而望是无边无际的植物群落，居住环境被水池、绿植所包围，城镇就在园林中（见图1-1-73）。

9.荷兰阿姆斯特丹水池

支流纵横的河道，平缓的草坪，水池边上是地域风格显著的风情建筑，展现了荷兰独有的景观特色（见图1-1-74）。

10.德国斯图加特水池

这是住宅间的一个水池，沿着建筑面阔展开，一侧是参差起伏的石块，打破了边界的生硬感，营造出良好的居住环境（见图1-1-75）。

11.德国卡塞尔水池之一

当代欧洲景观更注重自然生态方面的追求，更多地采用自然要素，减少人工的构建，用坡岸、水生植物打造自然的风景画面（见图1-1-76）。

图1-1-74

图1-1-75   图1-1-76

图1-1-77   图1-1-78

12.德国卡塞尔水池之二

这个被芦苇环绕的人工矩形水池看似毫不起眼，然而走近会发现池水在设备的驱动下可以像波浪那样不断起落，体现出了科技在现代景观中的作用（见图1-1-77）。

13.德国慕尼黑水池

这个街区中的水池一侧设置了自然的石质台阶，既是水池的边界，也为人们提供了休息、坐靠的功能，是人们聚集、纳凉的好去处（见图1-1-78）。

14.德国波恩水池

这个水池位于波恩邮政大厦前广场，光洁的不锈钢边框和矩形的休息座凳，在现代城市环境中营造出了简洁的氛围（见图1-1-79）。

图1-1-79

15.德国科隆水池

这个水池坐落在德国科隆大教堂的脚下，石钉铺装的地面起伏错落，与散布的自然石块构成了趣味感极强的戏水、涉水环境（见图1-1-80）。

四、依水景观

依水景观是园林水景设计中的一个重要组成部分，由于水的特殊性，决定了依水景观的多样性。利用水体丰富的变化形式，可以打造各具特色的依水景观。

图1-1-80

图1-1-81

（一）景观桥

景观桥因造型优美、形式多样而成为重要的造景小品。其按结构分有梁式与拱式、单跨与多跨，其中拱桥又有单曲拱桥和双曲拱桥等；按建筑形式分有点式桥（汀步）、平桥、拱桥、曲桥、亭桥、廊桥等；按结构类型分有木桥、竹桥、钢筋混凝土桥、石桥、钢木桥、钢桥等。

桥的位置和体形要和景观相协调。如在大水面架桥，又位于主要建筑附近，宜宏伟壮丽，重视桥的体形和细部的表现；在小水面架桥，则宜轻盈质朴，简化其体形和细部。水面宽广或水势湍急者，桥宜较高并加栏杆；水面狭窄或水流平缓者，桥宜低并可不设栏杆。水陆高差小处要平桥贴水，过桥有凌波信步之感；沟壑断崖上危桥高架，则能显示山势的险峻。水体清澈明净时，桥的轮廓需考虑倒影；地形平坦时，桥的轮廓宜有起伏，以增加景观的变化。

图1-1-82

1. 法国巴黎景观桥

木质桥面材料生态环保，桥身低矮，微成弧线，整体造型非常轻盈，与水面的倒影构成了优美的虚实互补关系（见图1-1-81）。

2. 挪威奥斯陆景观桥

该景观桥位于挪威奥斯陆威格兰主题公园，这座被称为"生命之桥"的景观大桥是该公园的第一部分，桥的两侧矗立着58座人体青铜雕塑，雕塑中有父子、母女、兄妹、恋人，他们或是拥抱、嬉戏，或是面显凄苦不安，姿态各异，栩栩如生（见图1-1-82）。

图1-1-83

图1-1-85

图1-1-84

3. 捷克布拉格景观桥

该桥建于1357年，大桥横跨在伏尔塔瓦河上，长520米，宽10米，共有16座桥墩，桥上塑有30尊圣者雕像，他们大都是捷克历史上对天主教有重要贡献的圣徒。这座被欧洲人称为"欧洲的露天巴洛克塑像美术馆"的查理大桥是哥特式建桥艺术与巴洛克雕塑艺术的完美结合（见图1-1-83）。

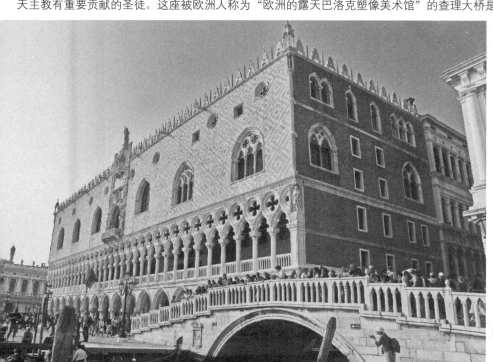

4. 奥地利萨尔斯堡景观桥

该桥跨越了美丽的萨尔斯河，连接着奥地利萨尔斯堡新城与旧城。桥体造型优美，弧线流动，是现代桥梁建造技术与艺术的完美结合（见图1-1-84）。

5. 意大利威尼斯景观桥之一

石质的拱桥古朴稳重，白颜色的护栏特色突出，双圆心的护栏尖券与后面总督府哥特式的建筑形式呼应（见图1-1-85）。

6. 意大利威尼斯景观桥之二

该桥在水城威尼斯的400多座桥梁中虽然并不出名，但其精致的铁艺、精美的植物装点、轻盈的体态都令人记忆深刻（见图1-1-86）。

图1-1-86

图1-1-87

图1-1-88

7. 荷兰阿姆斯特丹景观桥

这座木质小桥很古朴，具有很强的荷兰民族风情，跨在铺满浮萍的小河上，连接着荷兰传统的木制建筑居住区（见图1-1-87）。

8. 德国卡塞尔景观桥

隐藏在树林中的这座小桥微微拱起，蜿蜒波动。漫步其上，给人以非常舒适惬意的感受（见图1-1-88）。

9. 德国柏林景观桥之一

该景观桥跨在德国柏林施普雷河上，是一座钢结构的桥梁，体现出了当代建造科学和材料力学在桥梁设计上的应用（见图1-1-89）。

10. 德国柏林景观桥之二

该桥是一座年代久远的钢铁桥，两端的拱洞跨度不一，显现出了当时因地制宜的设计构想。该桥还可以通过铰链将桥板吊起，以保证船舶的通行（见图1-1-90）。

图1-1-89

图1-1-90

11.德国柏林景观桥之三

这是一座四跨度的红砖拱桥，造型古朴，在桥墩、景观灯基座、栏杆、拱顶等部位布满了雕刻（见图1-1-91）。

12.德国柏林景观桥之四

这是一座单跨度青砖拱桥，桥膀向中间逐步呈阶梯状抬升，中间设置了一段栏杆，打破了沉重的感觉。最中间矗立着一尊人像雕塑，实现了集中式的构图效果（见图1-1-92）。

图1-1-91

图1-1-92

图1-1-93

图1-1-94

13. 德国杜塞尔多夫景观桥

这是世界著名的步行街之一——德国杜塞尔多夫的国王大道，两旁是林荫的栗树大道，中间是条水渠，这座桥就坐落在该水渠上。与灯具结合的桥头堡及铁艺护栏的造型非常有特色（见图1-1-93）。

14. 德国汉堡景观桥

该金属桥跨越在德国汉堡易北河之上，上下两层都可以通行，两层桥面各有一定的斜度，加之上面倾斜的圆弧拱铁梁，使得这座桥梁非常具有观赏趣味（见图1-1-94）。

15.德国汉诺威景观桥

这座铁艺构造的景观桥体量较小，结构严谨，桥面板微微向上拱起，下端的承重构架向下凹陷，形成优美的双弧线（见图1-1-95）。

（二）依水景观建筑

为达到不同的景观效果，一般临近小水面的景观建筑宜低邻水面，以亲近涟漪；而大水面碧波坦荡，临水建筑宜建在临水高台上，以眺远山观近水，舒展胸怀，各有其妙。小岛、湖心台基、岸边的石矶都是临水建筑的好所在。

图1-1-95

图1-1-96

1. 法国巴黎依水景观建筑之一

科林斯柱式形成的柱廊矗立在湖畔，与湖水形成竖直与水平关系的对比。与此同时，柱廊在湖水中形成波光粼粼的倒影，更彰显了其姿态的优美（见图1-1-96）。

2. 法国巴黎依水景观建筑之二

这是一个临水的小亭子，用材单一，四面通透，前有亲水平台，后有休息座凳，为游人提供了一个良好的滨水休闲环境（见图1-1-97）。

3. 法国巴黎依水景观建筑之三

法国巴黎科技城的3D影院外观是一个巨大的圆球体，其不锈钢材料对周围环境的高强度反射，加之水面的倒影，加强了这个造型如梦如幻的感觉（见图1-1-98）。

图1-1-97 图1-1-98

图1-1-99

图1-1-100

4. 挪威奥斯陆依水景观建筑

该建筑位于挪威奥斯陆滨海新区，上部由木板条构成，下部是透空玻璃，两者的交界线像海浪一样起伏波动，加之平面的流转圆润，非常符合临海的地理特征（见图1-1-99）。

5. 法国巴黎依水景观建筑之四

水池尽头的古典式景观墙装饰雕刻精美，利用柱子进行纵向划分，每一部分都设置有壁龛，内置雕塑。檐子上部左右各有一卧姿雕像，烘托出中央王冠的尊贵，水也起到很好的光影效果（见图1-1-100）。

6. 德国贝希特斯加登依水景观建筑之一

这些木质的坡屋顶小型建筑位于德国贝希特斯加登国王湖畔，是停放游船的船坞，如此众多的船坞连在一起，形成了湖畔一道靓丽的风景（见图1-1-101）。

7. 德国贝希特斯加登依水景观建筑之二

这座红顶子的拉姆稍教堂位于德国贝希特斯加登国王湖畔，其造型很特别，红色的屋顶在幽静的山谷和绿色草坪之间更加醒目。湖水平滑如镜，在阿尔卑斯山的映衬之下，犹如仙境一般（见图1-1-102）。

8. 瑞士沙夫豪森依水景观建筑

该建筑坐落在瑞士北部沙夫豪森州境内高莱茵河畔，石块建筑苍老古朴，临水一面有出挑平台，便于人们驻足眺望（见图1-1-103）。

9. 荷兰阿姆斯特丹依水景观建筑

该建筑位于距离荷兰阿姆斯特丹20公里的赞丹市北郊的Zaans河边，河畔有举世闻名的荷兰风车，人们充分利用这里的风力资源来磨面、锯木头、排水、发电、进行生产劳动等（见图1-1-104）。

图1-1-101

European Landscape Art

10. 德国吕贝克依水景观建筑

这些建筑底层架空，凌空架于水面之上，人们可以不受阻碍地在架空层下游赏水畔景色（见图1-1-105）。

11. 德国罗斯托克依水景观建筑

这幢红砖建筑坐落在德国北部城市罗斯托克的瓦尔诺河畔，在建筑立面上尽可能地加大临海开窗面积，以获取最佳的景致（见图1-1-106）。

12. 德国柏林依水景观建筑

这座坐落在德国柏林施普雷河畔的建筑就是联邦总理府，占地面积为73000平方米。整个建筑呈"工"字形，外观高大、凝重，主楼南北两侧是宽大的圆形玻璃窗，看上去就像滚筒洗衣机的门，因此很多人也戏称这座建筑为"洗衣机"（见图1-1-107）。

13. 德国科隆依水景观建筑

这座木质的船形建筑物坐落在流经德国科隆市的莱茵河畔，满足了人们在船上休闲娱乐的心理需求（见图1-1-108）。

图1-1-102

图1-1-103

图1-1-104

图1-1-105

图1-1-106

图1-1-107

14. 德国汉堡依水景观建筑

德国汉堡不愧为世界著名的水上城市，易北河的主道和两条支道都横贯汉堡市区，阿尔斯特河、比勒河以及上百条河汊、小运河形成密密麻麻的河道网遍布市区。这座现代建筑洁净通透，是人们水畔休闲的好去处，也是靓丽的景点（见图1-1-109）。

15. 荷兰阿姆斯特丹依水景观建筑

这个通体绿色的仿船形建筑坐落在荷兰阿姆斯特丹运河港湾旁，仿佛即将扬帆远航，是该区域的标志性建筑（见图1-1-110）。

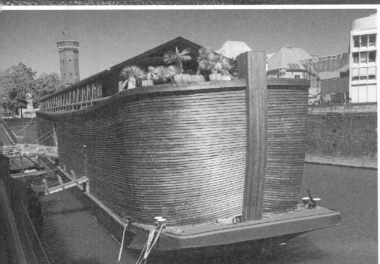

图1-1-108

图1-1-109

图1-1-110

（三）依水雕塑小品

雕塑小品结合水体能营造富有趣味、动感的景观环境，能增加景观的整体性和综合性。小品在内容的选择上要注意与水体的呼应，材质应耐水的侵蚀。

1. 法国尼斯依水雕塑小品

三个白色大理石雕刻的少女搂抱着矗立在喷泉水钵的顶端，成为人们观赏的视线焦点（见图1-1-111）。

2. 法国巴黎依水雕塑小品

池水中的水鸟正在引颈吞食捕到的小鱼，姿态传神，使水面景致更加生动鲜活（见图1-1-112）。

3. 瑞典斯德哥尔摩依水雕塑小品

水幕背后雕刻着众多人物形象，有的怀抱婴儿，有的坐着若有所思，有的扶膝小憩，形态各异，四周还有几只天鹅悠闲地游弋在池中（见图1-1-113）。

图1-1-111

图1-1-112

图1-1-113

4. 德国罗斯托克依水雕塑小品

这个街心水池中围绕着旱喷水景布置有众多人物雕像，他们快乐地嬉戏着，还有两个人物仿佛正在水中游泳，水景与雕塑和谐地组织在一起（见图1-1-114）。

5. 德国富森依水雕塑小品

水池中的两个小孩一个手持水壶，一个翘着小脚丫愉快地嬉戏着，另一个小女孩坐在池边，托着腮想着心事，形成了一个非常生活化的场景（见图1-1-115）。

6. 德国萨尔布吕肯依水雕塑小品

这个金属亭子是一个雕塑，也是一个跌水水景，造型别致，是一个多功能的、艺术界限模糊的装饰小品（见图1-1-116）。

图1-1-114

图1-1-115

图1-1-116

图1-1-117

图1-1-118

图1-1-119

图1-1-120

图1-1-121

7. 德国科布伦茨依水雕塑小品之一

水池中，一个小女孩快乐地在水上和野鸭们追逐、嬉戏着。虽然雕塑尺度很小，但非常传神，在夜景灯光的烘托下，非常引人注目（见图1-1-117）。

8. 德国科布伦茨依水雕塑小品之二

一层一层堆叠起来的小山上插着几株植物，四周围绕着跳舞、劳作、漫步的人物雕塑，模拟了当地传统的生活状态（见图1-1-118）。

9. 德国不莱梅依水雕塑小品

水池边上有许多海豹、河马、鱼、坐着的人，姿态生动灵活。顶部矗立着一个抽象的人物，手持钢叉，凝视远方（见图1-1-119）。

10. 德国多特蒙德依水雕塑小品

这个水景和雕塑很有创意，甚至有些怪异，从口中喷出的水柱被手掌反弹回来，有的从水壶中洒落，有的从人的胳膊中喷出，形式新颖多样，常常在意料之外（见图1-1-120）。

11. 德国汉诺威依水雕塑小品

该小品位于德国汉诺威海恩豪森大花园内，水池中矗立着几个大石块，许多可爱的小天使站在上边，姿态各不相同。水柱从天使手中及胯下的鱼口中喷出，且角度各异，使整个景致显得高雅神圣（见图1-1-121）。

第二节 景观建筑小品

　　景观建筑小品是指既有功能要求，又具有点缀、装饰和美化作用的、从属于某一建筑空间环境的小体量建筑、游憩观赏设施和指示性标志物等的统称。如园林建筑及其小品种类就很繁多，它们的功能简明，体量小巧，造型丰富，而且功能多样、富于神韵，具有很强的文化底蕴。

　　在城市景观设计中，建筑小品虽小，不起主导作用，仅是点缀与陪衬，但分布广泛，与人们的生活有着紧密的联系，在景观设计中起着画龙点睛的作用。建筑小品在不同的环境中与周围不同的景物和人群发生关系，因而必须具有灵活多变的体态、气质和表情，在造型立意、材质及色彩的运用上都更加灵活和自由。在设计创作时应做到"景到随机，不拘一格"，在有限的空间得其天趣，力争人工中见自然，给人以美妙的意境，感染情趣。

一、亭

　　亭作为园林建筑中最基本的建筑单元，具有满足人们在旅游活动中休憩、纳凉、避雨、极目眺望的功能。亭多四面开放，空间流动，内外交融，娇美轻巧，玲珑剔透。亭子一般小而集中、向上，造型独立而完整，与周围的建筑、绿化、水景等结合而构成园林一景，是景观的重要组成部分。亭的造型要因地制宜，在造型、比例与尺度等方面要结合具体地形。亭的位置可设在道路的末端或一侧，在视线开阔处、花园中心的显要处，或在水边、林内及其他建筑物旁。其结构类型有竹亭、木亭、钢筋混凝土亭、石竹亭、钢筋混凝土与砖木混合亭等。

图1-2-1

图1-2-2

1. 法国巴黎亭之一

　　这是一座非常精美的石质圆亭，分为三个部分：基座、柱子、顶子。其基座较高，人们站在亭子里可以眺望远方；六根科林斯柱子刚劲挺拔；顶部雕刻精美，宛若王子头顶上的王冠（见图1-2-1）。

2. 法国巴黎亭之二

　　亭子矗立在高地上，为全金属材质，八棵纤细的柱子支撑全部重量，非常轻盈。上部还有一层亭子，柱上架拱，拱上承托着小穹顶，穹顶上还安置了指北针（见图1-2-2）。

图1-2-4

图1-2-3

3. 法国巴黎亭之三

这是一个位于水畔开敞性很强的亭子，在其中临水坐卧，美景尽赏，非常赏心惬意（见图1-2-3）。

4. 法国巴黎亭之四

这是一个非常简易的亭子，却充分考虑了人们在使用过程中的心理需求，避免面对面坐着的尴尬，不同亲密程度的人都可找到适宜的位置（见图1-2-4）。

5. 法国巴黎亭之五

这是一个古典主义风格木质的亭子，呈正多边形，屋顶上面有一个球形穹顶，并覆盖以鳞片状的瓦片，具有很好的装饰效果（见图1-2-5）。

6. 法国巴黎亭之六

圆亭矗立在水池畔堆叠的假山石上，多力克柱子承受着圆锥屋顶的重量，在高大绿色植物的掩映下，亭子和环境自然地融合在一起（见图1-2-6）。

图1-2-5

图1-2-6

图1-2-7

7. 法国巴黎亭之七

该亭主要的承重构架为金属，屋顶出挑很大，显得轻盈灵动。所有的金属部分都被饰以蓝色油漆，在变色植物的衬托下非常醒目（见图1-2-7）。

8. 法国巴黎亭之八

这是一个文艺复兴风格的景观亭，平面呈正八边形，拱券是主要承重构件，柱子只起到装饰作用。该亭檐部做得很精细，排档间饰、三槽线饰带、钉头饰一应俱全（见图1-2-8）。

9. 法国巴黎亭之九

这个现代亭由钢和玻璃构成，透明玻璃上用多种不同的文字刻着"和平"，向世界宣告着对和平的热爱与渴望。该亭左右两部分嵌有玻璃板，中间正对着艾菲尔铁塔，形成了强烈的景观轴线（见图1-2-9）。

图1-2-8

图1-2-9

图1-2-10　　　　　　图1-2-11

10. 法国巴黎亭之十

这个亭子的柱子、梁架等完全由原始木材制成，未经打磨和刷漆，风格粗犷。屋顶采用自然石材切片，非常适合建造在公共园林环境中（见图1-2-10）。

11. 丹麦哥本哈根亭

这个巴洛克风格的售卖亭平面呈正六边形，屋檐上面波动起伏的檐口非常灵动，以植物和飞翔的海鸟为主题，并饰以金粉。洋葱头式的顶部还设置了四面钟，方便人们使用（见图1-2-11）。

12. 挪威奥斯陆亭之一

亭子用细木条作为顶部的支撑，木条形成了许多镂空的方格。在入口部位设置了一个门口套，整体显得轻盈通透（见图1-2-12）。

13. 瑞典斯德哥尔摩亭

上部剪影式的效果很有艺术趣味，中间还设置一个与亭子风格相一致的烟灰缸，原来这是特意为吸烟者提供的场所（见图1-2-13）。

图1-2-12　　　　　　图1-2-13

图1-2-14 图1-2-15

14.挪威奥斯陆亭之二

这个亭子构架饰以嫩绿色，加之大面积通透的玻璃，非常引人注目。其中间方形的部分是通往地下通道的升降梯（见图1-2-14）。

15.匈牙利布达佩斯亭之一

这个亭子采用金属柱支撑玻璃屋顶，在高大绿色乔木的衬托下显得很轻巧。亭子设置在草坪中间，给人们提供了一个户外聚集的场所（见图1-2-15）。

图1-2-16

16. 匈牙利布达佩斯亭之二

这座古罗马风格的亭子通体采用暖灰色石材，包括前后两个部分：前面部分平面呈矩形，采用双柱的形式，圆拱和转角都有齿状角线装饰；后面部分平面呈圆形，分两层，上面一层洞口狭长，很有城堡的味道（见图1-2-16）。

17.奥地利维也纳亭之一

该亭子前景为整形绿篱，背景是自然式高大乔木，景深层次丰富，扁椭圆形的淡绿色金属屋顶很有特色（见图1-2-17）。

18. 奥地利维也纳亭之二

四个圆拱承托着上部的鼓座和穹顶，宛若一个小号的拜占庭建筑。这个石质的亭子，重点部位加以雕刻装饰，浑然一体，宛若天成，让人们不禁惊叹奥地利维也纳这个城市的高贵气质（见图1-2-18）。

图1-2-17

图1-2-18

图1-2-19

19. 奥地利维也纳亭之三

　　这个现代感极强的亭子为乔木所包围，中间围合着一尊雕像，环境私密幽静。亭子通体采用亚光不锈钢材质，柱径较小，给人以非常精致的感觉（见图1-2-19）。

图1-2-20

图1-2-21

图1-2-22

20. 瑞士卢塞恩亭

木制的屋架、围栏和石板双坡屋顶与周围环境掩映成趣，共同营建出一个可以在户外停留休息的生态自然空间（见图1-2-20）。

21.奥地利维也纳亭之四

正八边形的锥形亭顶仿佛是三把张开的遮阳伞，在石钉铺装的小广场上错落排列，形成舒适的环境和休闲的景观（见图1-2-21）。

22. 德国法兰克福亭

这组亭子位于建筑的入口处，成为建筑与外部空间的过渡。其造型简洁独特，让人不禁联想到"树"的形态。多个单体排列在一起，很有气势（见图1-2-22）。

23. 德国哥廷根亭之一

这个铁艺的金属亭子矗立在水池之上，做成各种盛开的鲜花形状缠绕在一起。中央基座上竖立着怀抱鲜花的少女雕像，如同一件极其精美的工艺品，给人以美的享受（见图1-2-23）。

24. 德国卡塞尔亭

该亭平面呈八边形，四面均为古希腊柱式和三角形山花，中间是淡绿色的半球形穹顶。其以湖水为前景，以乔木为映衬，白色的墙身，充分展现欧式园林的建筑之美（见图1-2-24）。

图1-2-23

图1-2-24

25. 德国哥廷根亭之二

亭子立在圆形的地面上，锥顶呈正八边形，金属框架、玻璃屋顶，是简洁实用的林间景观亭（见图1-2-25）。

26. 德国慕尼黑亭之一

亭子六面为拱形的门洞，加上圆形的空洞，打破了沉重的封闭感。在体量很小的三角形山花映衬下，穹顶显现出相对宏伟的体量。穹顶上面矗立着一尊青铜人物雕像，在增强了观赏性的同时，也丰富了天际线（见图1-2-26）。

27. 德国慕尼黑亭之二

亭子坐落在德国慕尼黑狮子广场上，正面三跨，侧面一跨使得这个巨大的亭子很通透。整体为中轴对称的形式，宽大的台阶、两侧有石头狮子，正中的主题立体雕像更突出了它的纪念性（见图1-2-27）。

图1-2-25

图1-2-26

图1-2-28

图1-2-27

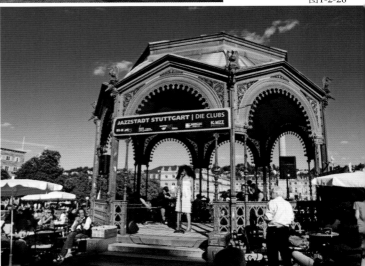

图1-2-29

图1-2-31

图1-2-30

28. 德国斯图加特亭

　　金属制成的正八边形亭子铁艺雕刻非常精美，同时吸收了圆拱、三角形山花等古典元素符号，成为人们工作之余欢聚娱乐的绝佳场所（见图1-2-28）。

29. 德国汉诺威亭之一

　　这个亭子最引人注目的是由多个"X"形状组成的支撑构件，通透感很强，淡黄色更突出了它的装饰效果（见图1-2-29）。

30. 德国萨尔布吕肯亭

　　该亭位于德国萨尔布吕肯约翰内斯教堂前，墙面镂空的字正是"约翰内斯教堂"。该亭子充分利用现代钢材的延展性，在古老的教堂建筑衬托下，具有很强的视觉冲击力（见图1-2-30）。

31. 德国汉诺威亭之二

　　该亭位于德国汉诺威国际展览中心广场前，金属支架支撑着上面半透明的膜结构，与后面建筑的屋顶浑然一体，给来此参观的人们提供了一个遮阴、避阳、挡雨的场所（见图1-2-31）。

32.德国汉诺威亭之三

　　这是一个古典主义风格的景观亭，四个方向都有拱门，形成了通透的视线。深色的台阶、淡暖灰的墙面、蓝灰的屋顶把建筑水平划分为三段，显得很稳重。双爱奥尼壁柱、围栏的墩柱及花瓶装饰使竖向显得很挺拔（见图1-2-32）。

33.德国汉诺威亭之四

　　这是个古典主义风格的园林景观亭，掩映在绿植秀水间，爱奥尼柱式还带有卷杀，使亭子显得更加挺拔、雄壮（见图1-2-33）。

图1-2-32

图1-2-33

图1-2-34

34. 德国魏玛亭

这个亭子平面呈八边形，其中四个方向向外突出，形成了壁柱装饰和拱券式的入口门；另外四个方向是窗扇，体现出了欧洲古典建筑清晰的逻辑性（见图1-2-34）。

35. 德国汉诺威亭之五

该亭平面呈正七边形，带有欧式风格的木质拱券，上覆木条编织的穹顶，加之下面的木网条围栏，形成了一种田园风格（见图1-2-35）。

图1-2-35

36. 德国科布伦茨亭

金属框架支撑起来的膜结构白色屋顶，通过截面的缩放高低起伏，形成了有节奏的变化，极大地丰富了天际线（见图1-2-36）。

37. 德国杜塞尔多夫亭

正八边形的石材鼓座上矗立着四根金属柱，铸铁件形成多个方向的拱形，使得八边形的屋顶出挑很大，让人感觉轻盈欲飞（见图1-2-37）。

38. 德国多特蒙德亭

这个亭子一改以往的承重方式，采用拉索式的结构。放射状的星形框架被悬索拉扯，弧形玻璃覆盖其上，体现了现代材料和工艺技术在景观小品中的应用（见图1-2-38）。

图1-2-36

图1-2-37

图1-2-38

39. 德国柏林亭

　　亭子位于德国柏林动物园前，分为屋顶和支撑柱两部分，最下面是两只雕刻精致的卧姿石雕大象，背负着全部重量。顶棚为木结构，本色为朱红，局部饰以金粉，和绿色的屋面瓦形成了色彩的对比（见图1-2-39）。

40. 德国汉堡亭之一

　　亭子的结构非常灵活，借助建筑的墙面承重，外侧用"V"字形木柱支撑，屋顶从侧面看也是一个开口很大的"V"，在造型上形成了良好的统一（见图1-2-40）。

图1-2-39

图1-2-41

41. 德国汉堡亭之二

　　这个亭子与花园的围墙相结合，倾斜的墙面既起到了支撑的作用，又丰富了造型，打破了单调的感觉，充分利用了园林边角的部位（见图1-2-41）。

图1-2-42

图1-2-43

42. 德国汉堡亭之三

粗犷的石块做柱子，防蚀金属板做顶子，用材大胆，经久耐用，体现了一种粗犷的美感（见图1-2-42）。

二、廊架、花架、柱廊

廊是建筑的组成部分，是亭的延伸，是联系景点与建筑的纽带，也是形成建筑外观特点和划分空间格局的重要手段，具有遮阳、防雨、小憩、赏景、组织交通等功能。园林中的廊可以划分景区，形成空间的变化，增加空间层次和引导游人。其结构类型有竹廊、木廊、钢架廊、钢筋混凝土廊、钢筋混凝土及木混合廊等。花架是顶部由格子条构成，常配植攀缘性植物的一种庭园设施。它既具有廊的功能，又比廊更接近自然，更融合于环境之中。其布局灵活多样，可以分隔景物，联络局部，有遮阳、休憩之用；可代替树林作为背景之用，其上攀缘鲜艳的花卉，也可作为主景观赏。其表现形式有单柱双边悬挑花架、单柱单边悬挑花架、双柱花架等，结构类型有木花架、钢砼现浇花架、仿木预制成品花架、竹花架、仿竹花架、钢花架、不锈钢花架等。

柱廊简称廊，是柱与廊组合而成的一种线形空间，是一种有规则间隔排列柱子的建筑结构，广泛用于建筑和城市设计领域。早在建造古希腊神庙时就形成了它的典型形式——围柱式，即建筑周围用柱廊环绕，列柱围廊也成了欧洲建筑与景观最重要的特色标志。柱廊冬天可以御寒，夏天可以防止阳光暴晒、雨淋，引导行进路线，与景观环境关系紧密。

1. 德国汉堡廊架之一

片石柱身、工字钢承重构架、弧形的玻璃屋顶，形成了这个现代感很强的公园入口（见图1-2-43）。

图1-2-44

图1-2-45

图1-2-46

图1-2-47

2. 德国汉堡廊架之二

这个廊架体量巨大，平面呈三角状，蜿蜒起伏仿佛水的波浪，具有很强的流动感（见图1-2-44）。

3. 德国汉堡廊架之三

这个廊架采用纤细的金属圆柱三三两两地自由组合，或直立或倾斜，加之波浪状的玻璃顶棚，非常灵动（见图1-2-45）。

4. 德国汉堡廊架之四

廊架矗立在德国汉堡易北河畔，剪力式的结构承托着上部的玻璃顶棚，通透感很强。在狭长的滨水地带，多个栏架间隔一定的距离排列开来，形成了规律的节奏与变化（见图1-2-46）。

5. 德国汉堡廊架之五

红砖砌成的柱子，角钢、工字钢、钢筋搭建的屋架，微微拱起的顶部，落水管等构件及其连接方式，都充分体现出了精致的细节处理（见图1-2-47）。

6.德国汉堡廊架之六

黑色的圆形支撑柱像一个个张开双臂的人，托举着连续成券的白色顶部，在给行人提供良好使用环境的同时，也美化了街道景观（见图1-2-48）。

7.德国汉堡廊架之七

该廊架处于河道驳岸和商业建筑之间，洁白的柱券连廊，使建筑虚实相映，也给人们提供了凭栏眺望对岸景致的场所（见图1-2-49）。

图1-2-48

图1-2-49

图1-2-50

图1-2-51

8.德国汉堡廊架之八

这是某建筑入口部位的廊架，支撑柱、承重梁、顶棚的椽子都采用金属圆柱，出挑很大，形式统一，同时给人粗犷的感觉（见图1-2-50）。

9.德国汉诺威廊架

这是德国汉诺威海因豪森大花园温室前的连廊，金属材质铸造，非常精致入微，装饰纹样多以植物的花、茎为题材（见图1-2-51）。

图1-2-52　　　　　　　　　　　　　　　　　　　　　　　　　　　　图1-2-53

10.德国多特蒙德廊架之一

该廊架采用单侧柱悬索式的结构体系，沿着前进的方向自然波动起伏，游人行走在长长的廊子中不会感到乏味（见图1-2-52）。

11.德国多特蒙德廊架之二

该廊架位于德国多特蒙德中央火车站前，形式简洁但却非常实用，为等车和接站的人们提供了良好的使用环境（见图1-2-53）。

12.德国科隆廊架

这个精致的廊架坐落在德国科隆大教堂脚下，是现代与古典激烈的碰撞。其顶部非常有特点，由许多单词拼在一起，正面饰以不同颜色，地面斑驳的投影也具有观赏效果（见图1-2-54）。

13.德国不莱梅廊架

这个建筑外墙的雨篷廊架采用现代感很强的钢和玻璃材质，支撑玻璃的金属构件造型很有特点，形成美观的序列（见图1-2-55）。

图1-2-54　　　　　　　　　　　　　　　　　　　　　　　　　　　　图1-2-55

14.德国莱比锡廊架

位于德国莱比锡商业步行街，顶棚分为上下两层，一个向下弯曲，一个向上弯曲，形成相呼应的造型（见图1-2-56）。

15.德国科布伦茨廊架

这个非常长的廊架连接着德国科布伦茨中央火车站的出入口，具有很强的方向感，可以很方便地把刚下车的旅客疏散出去（见图1-2-57）。

16.德国斯图加特廊架

这是一个建筑庭院坡道上的廊架，水平、垂直、斜向的框架有很强的动感，黄颜色很醒目，起到了强化出入口位置的作用（见图1-2-58）。

图1-2-56

图1-2-57

图1-2-58

图1-2-59　图1-2-60

图1-2-61

17.德国法兰克福廊架

这是德国法兰克福机场楼前的雨篷廊架，采用悬臂式结构，不用设置柱子，方便了人们的通行。淡蓝色、半透明的玻璃形成了连续的序列（见图1-2-59）。

18.法国巴黎廊架之一

采用石棉瓦为材料形成的顶子呈曲线状蜿蜒起伏，连接着公园距离很远的两个部分，提供了较为舒适的行进路线（见图1-2-60）。

19.法国巴黎廊架之二

这个古典主义风格的柱廊非常具有装饰性，每组柱子由一个圆形和一个方形柱身的爱奥尼柱式构成，并与弧形的廊相垂直。圆形的柱子支撑着上部的半圆形拱券，方形的柱子承担剩余的水平推力（见图1-2-61）。

20.法国尼斯廊架之一

这个廊架上层是观景平台，下面是拱券形成的围廊，柱身采用蘑菇石，柱子的上部用彩色石子镶嵌出抽象装饰图案，打破了园林角落的封闭感（见图1-2-62）。

图1-2-62

图1-2-63

图1-2-64

图1-2-65

21.法国尼斯廊架之二

这是一个白色弯月造型的廊架，对下面的座凳呈围合状，给人以心理上的安全感。其中间还用铅丝连接，可用于植物的攀爬（见图1-2-63）。

22.法国尼斯廊架之三

大小不一的石块堆叠成柱子，上面直接架设木架屋顶，形成了原始粗犷的郊野园林风光（见图1-2-64）。

23.西班牙巴塞罗那廊架之一

这个廊架坐落在街头广场上，金属圆柱的侧面安放了花钵，用于种植攀爬植物，到夏季能形成树荫，为在下面休息的人们提供阴凉（见图1-2-65）。

24.西班牙巴塞罗那廊架之二

白色水泥石块做的柱子一侧高一侧低，上面深色的木质顶棚也不对称，给人一种随意的洒脱之感（见图1-2-66）。

图1-2-66

图1-2-68

图1-2-67

图1-2-69

25.法国巴黎廊架之三

该廊架位于很长的自动水平扶梯之上，其功能就是遮阳。每个顶棚标准构件高低错落相连，仿佛浮在天上的云朵（见图1-2-67）。

26.法国巴黎廊架之四

这是一个古典主义风格的柱廊，两侧林立着多立克柱式，顶部红褐色梁围合形成了藻井，中央装饰有精美的石材天顶花（见图1-2-68）。

图1-2-70

27.法国巴黎廊架之五

这是一个现代感很强的建筑雨篷廊架，采用悬挑式结构、型钢与圆柱间隔排列，构成了支撑构架，微微拱起的造型简洁中富于变化（见图1-2-69）。

28.法国尼斯廊架之四

这个廊架为白色的柱子和木架，非常适合海边环境，在蔚蓝的天空的映衬下，显得洁净夺目（见图1-2-70）。

三、景观塔

塔是高耸的建筑（即英语中的Tower，德语中的Türme），是既具有观赏性又有实用性的景观建筑。登临塔上可以获得开敞的视野和不同的赏景感受。由于相对高耸的体量，塔又可成为一定空间范围内的视线焦点。

1.法国巴黎景观塔之一

这个红色的景观塔坐落在法国巴黎拉维莱特公园内，是解构主义的代表作，沿着弧形的台阶可以登临二层、三层平台，眺望远景（见图1-2-71）。

2.法国巴黎景观塔之二

塔楼临水而建，与倒影形成很好的光影效果。水平方向的建筑与高高耸立的塔楼形成了方向的对比，塔楼顶部设有四面钟，最上面还有一座方形的钟楼（见图1-2-72）。

3.法国巴黎景观塔之三

该塔坐落在建筑的屋顶，分为三层。最下面是方形的鼓座，起到提升高度的作用；中间为正八边形圆顶亭子，白色带翼人首兽身像分踞在四角；最上面还有一个小圆亭，立面悬挂着铜钟（见图1-2-73）。

图1-2-71

图1-2-73

图1-2-72

图1-2-74

图1-2-75

4.法国戛纳景观塔

该景观塔位临蔚蓝海岸，采用耐侵蚀的褐色石块建造，其造型和材质粗犷厚重，与海水的柔美形成了视觉上的对比（见图1-2-74）。

5.法国里昂景观塔

该景观塔属于古典集仿主义风格的塔楼，有古希腊的三角山花，有罗马的拱券，也有洋葱头式样的屋顶。其整体造型刚硬挺拔，细部装饰又精致入微，如阳台下方的高浮雕、圆形钟盘的石材花圈，都具有很好的装饰效果（见图1-2-75）。

6.德国汉堡景观塔之一

该塔位于德国汉堡Dammtor地铁站的一角，越向上越向内收缩，是该地区的制高点。为打破厚重沉闷的感觉，在三分之一高处进行了透空处理，整体厚重朴实（见图1-2-76）。

图1-2-76

7.德国汉堡景观塔之二

这是一个新教堂建筑的附属塔楼，采用混凝土和红砖建造，外形简洁，没有任何多余的装饰（见图1-2-77）。

8.德国汉堡景观塔之三

这个现代式景观塔位于德国汉堡海港新城，橙红的颜色非常醒目，直线条的墩柱与上部弧线形的顶部形成对比，游人可以登临其上眺望易北河岸风光（见图1-2-78）。

9.德国柏林景观塔之一

这是德国柏林新美术馆的塔楼，螺旋上升的阶梯围绕着通透的圆柱形电梯间，形成了动态的交错流通空间（见图1-2-79）。

图1-2-77　图1-2-78

图1-2-79 德国柏林景观塔

10.德国柏林景观塔之二

这是一个罗马风格的塔楼建筑，墙身上的门洞和窗洞形状统一，大小富于变化，上方的柱廊拱券使顶部显得轻盈，四小一大的尖顶增强了建筑的高耸感（见图1-2-80）。

11.德国汉诺威景观塔

这是一座古罗马风格的教堂塔楼，分为五层，高度逐级减小，而檐口线越往上则越大，刻画也越丰富，通过这种视错觉来增强高耸的感觉（见图1-2-81）。

12.德国科隆景观塔之一

该景观塔位于德国科隆的莱茵河畔，最下面的部分利用了古建筑的遗址，上面后加的钢筋混凝土部分出挑很大，便于人们围绕着透明玻璃观赏景致（见图1-2-82）。

图1-2-80

图1-2-81

图1-2-82

图1-2-83

13.德国科隆景观塔之二

该景观塔由红砖建造而成，其不仅是这组建筑的起始端，而且在水平方向与红砖建筑形成了对比，与莱茵河对岸的科隆大教堂遥相呼应（见图1-2-83）。

14.德国杜塞尔多夫景观塔

这是一个古典主义风格的塔楼，下大上小的结构非常稳重，钟表被镶嵌在拱形的券里，上面覆以头盔状的顶部（见图1-2-84）。

15.德国乌尔姆景观塔

该景观塔分为上下两段，色彩分明，下部的厚重衬托出上部的轻盈，下部的粗犷衬托出了上部的精细（见图1-2-85）。

图1-2-84

16.德国法兰克福景观塔

景观塔由三种材质的材料建成，下部和墙面转角部分为黑色的石块，墙身大面积涂刷外墙涂料，阳台、窗口等部位则用红色石材。黑色石块特意做成参差状，增强了立面的艺术趣味（见图1-2-86）。

17.德国纽伦堡景观塔

圆柱状的塔楼粗犷敦实，顶部先是一段开窗的木板建筑，向上变为向内缩小的多边形，覆盖以攒尖顶，直指蓝天（见图1-2-87）。

18.德国卡塞尔景观塔

这个景观塔下部采用钢结构，上部采用木质构架，通透的立面造型各异，变化很丰富。站在二层，这些木框架起到观赏景致的框景作用（见图1-2-88）。

图1-2-865

图1-2-86

图1-2-87

图1-2-88

19.奥地利萨尔斯堡景观塔

该景观塔竖直方向划分为三层，下面是白色墙面的矩形建筑，窗洞、表盘背景都是矩形的。中间为白色正八边形鼓座，墙面开圆形窗洞；最上面是深色墙面的小亭子（见图1-2-89）。

20.匈牙利布达佩斯景观塔

该景观塔位于匈牙利布达佩斯著名的渔人城堡，圆柱形墙体覆盖圆锥形顶子，造型独特。整体采用浅色石材，在阳光下耀眼生辉（见图1-2-90）。

图1-2-89

21.意大利维罗纳景观塔

该景观塔的大面积红色砖墙在局部白色建筑构件的点缀下显得非常靓丽秀美。塔身大量运用半圆拱形式，大圆拱套着小圆拱，拱顶用红白相间的砖砌筑，非常有特色（见图1-2-91）。

四、景墙

这是一种空间隔断结构，具有划分、组织空间的作用，也有围合、标识、衬景的功能，还有装饰和美化环境、制造气氛并使人获得安全感等功能。高度一般控制在2米以下，是景观的一部分，景墙的命名由此而来。几乎所有重要的建筑材料都可以成为建造景墙的材料，如木材、石材、砖、混凝土、金属材料、高分子材料甚至玻璃等。

图1-2-90

图1-2-91

图1-2-92 图1-2-93

图1-2-94 图1-2-95

1.法国巴黎景墙之一

设计师利用建筑入口两侧的素混凝土墙面印刻人物的轮廓造型，既活跃了氛围，又美化了环境（见图1-2-92）。

2.法国巴黎景墙之二

这是商业建筑橱窗下面的矮墙，墙面虽小，但运用角线、小装饰构件及菲网大理石等，将其装点得高贵典雅（见图1-2-93）。

3.卢森堡景墙

这是由卢森堡一个工业遗址改造的项目，利用旧的金属板做台阶与平台的隔墙，很符合该场所的精神气质，同时与光滑洁净的建筑玻璃幕墙、不锈钢扶手形成了鲜明的对比（见图1-2-94）。

4.丹麦哥本哈根景墙

这面景墙极有构成感，两侧砖墙的浅色与中间部位的深色以及砖墙的水平拉缝与中间部分的竖线条都形成了鲜明的对比，相得益彰（见图1-2-95）。

5.挪威奥斯陆景墙

低矮的墙面以表面粗糙的青石板为材料，营造出一个减少外部环境干扰的街头休憩环境。其高度适宜，另一侧停靠的自行车被"隔离"到视线之外（见图1-2-96）。

图1-2-96

图1-2-97

图1-2-98

图1-2-99

图1-2-100

6.匈牙利布达佩斯景墙

该景墙坐落在匈牙利布达佩斯的渔人城堡，两个高的柱子间穿插着一个矮一点的柱子，柱子之间有三个拱券，体现了古典主义立面构图清晰的逻辑关系（见图1-2-97）。

7.奥地利萨尔斯堡景墙

该景墙位于奥地利萨尔斯堡米拉贝尔公园，两端的基座上矗立着古希腊神话人物雕像，卷曲的涡轮线像两朵浪花拥托着中央的花钵，尽显古典主义风格的优雅之美（见图1-2-98）。

8.奥地利因斯布鲁克景墙

该景墙位于奥地利因斯布鲁克施华洛世奇水晶世界门前，下部为金属编的框子，里面装满了原矿石，上边是用纯水晶镶嵌的英文"YES TO ALL"，意为"一切皆有可能"（见图1-2-99）。

9.德国特里尔景墙

该白颜色的该景墙异常醒目，倾斜45度的方格内放置着无方向感的圆形，这种简单几何形体的组合达到了很纯粹的装饰效果（见图1-2-100）。

图1-2-101

10.德国德累斯顿景墙

这是一面装饰非常精美的古典主义风格的围墙，左侧靠墙的墩柱上坐着一个手拿花环的小天使，右侧靠近入口的墩柱上两个天使扶着灯具，形态传神。中间的铁艺以植物枝叶为主题进行纹饰，给人以美的感受（见图1-2-101）。

11.德国罗滕堡景墙

这是罗滕堡老城堡的围墙，随地形的高低起伏错落而建，上面搭建了数个坡屋顶的廊架，风格古朴典雅，造型富于节奏的变化（见图1-2-102）。

12.德国科布伦茨景墙

这是德国科布伦茨街头广场的一段矮墙，主体为暗红色的石材，其上用浅色的石材雕刻了教义装饰，仿佛披在上面的布匹，同时穿插饰以青铜雕刻，装饰性很强（见图1-2-103）。

图1-2-102

图1-2-103

图1-2-104

13.德国乌尔姆景墙

这是一段庭院角落的矮墙，通透性很强，弧形的角线雕刻细致，线形柔美，中心部位还饰以花卉图案（见图1-2-104）。

14.德国纽伦堡景墙

这是一面与水景结合在一起的景观墙，一个个悬挑出来的承水钵很有节奏地排列开来，仿佛一群鱼在游弋（见图1-2-105）。

15.德国柏林景墙

这是德国柏林动物园围墙的一段，红砖外墙的凸出与凹陷刻画出了众多动物的造型，点明了场所的主题（见图1-2-106）。

16.德国汉堡景墙之一

该景墙建造在缓坡草坪上，随地形起伏而变化，平面也曲折有致，简单的处理却大大增加了景观的变化与层次（见图1-2-107）。

图1-2-105　　图1-2-106

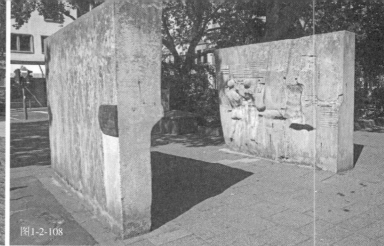

图J-2-107　　图1-2-108

图1-2-109　　图1-2-110

17.德国科隆景墙

两面石墙相对矗立在街头小广场上，青石板墙面上采用深浅不一、写实与抽象共融的装饰形式，是很有创意的景观小品（见图1-2-108）。

18.德国杜塞尔多夫景墙

这面墙位于德国杜塞尔多夫国王大道的拐角处，边上的两段墙面作为座凳的靠背，中间一段通过镂空雕刻打破了实体矮墙的沉重（见图1-2-109）。

19德国汉堡景墙之二

这是德国汉堡某住宅入口的矮墙，红砖与白色石材的搭配相得益彰，石材还有造型的起伏变化，端部设置景观灯，体量虽小但功能完备（见图1-2-110）。

20.德国汉堡景墙之三

这面墙坐落在德国汉堡海港新城，红砖墙面为底，上面用白色的模块装饰，通过方向和位置的组合产生变化，其图案让人联想到船锚，突出了海滨城市滨水环境的主题（见图1-2-111）。

图1-2-111

第三节　景观铺装及其附属设施

景观铺装指在景观环境中运用自然或人工的材料，按照一定的方式铺设于地面的铺地形式。铺装作为景观构筑的一个要素，其表现形式受到总体设计的影响，根据环境的不同，铺装表现出的风格各异，形成变化丰富、形式多样的铺装。

铺装材料最基本的功能是保护地面不直接受到破坏，适应长期受侵蚀的自然条件，经受长久的践踏磨损，并能承受不同车辆的滚压。铺装能为人们提供停留、活动、娱乐的场所，可根据不同的活动需要安置相应的活动设施。铺装具有方向指引性，地面被铺成带状或某种线型时，便能通过引导视线将行人或车辆吸引在其"轨道"上，指明前进的方向，使游人按照设计意图行进，引导游人逐步展开景观序列。

铺装可以表现不同的空间感受，如细腻、粗犷、宁静、热烈等。青石板能营造宁静轻松的气氛；大理石给人以庄肃、稳重之感；木质铺装给人以回归自然、温暖惬意的感受。铺装可以给使用者提供必要的信息，当人们踏上不同的铺地材料时，可以获得不同的行走路线或停留空间的信息。具有指示性的文字或图形也可以作为铺装内容，为游人提供指示信息。

European Landscape Art

　　铺装材料在不同的空间变化使用，可表示出不同的地面用途和功能。卵石路面和木质铺装路面是人步行或休息的地方，而水泥路面和花岗石铺装则表示为车行道。采用不同形式与材质的铺装还可影响行走的速度和节奏，即铺装路面越宽，运动的速度越缓慢；而铺装路面较窄时，行人会急促而快速地通过。

　　景观中的铺装不仅仅是供游人行进、活动、聚集的场所，其本身就是景观艺术的重要组成部分，其艺术效果的表现是设置时应考虑的重点内容。通过设计可以用铺装材料直接创造出美丽、多姿多彩的地表景观，达到富于艺术性的最佳效果。

　　铺装的生态性主要体现在透水性铺装材料，包括透水性沥青、透水性混凝土及透水性地砖等。生态透水性铺装能够保护地下水资源，有利于生物生长环境的改善，还可以调节地面温度，有效地缓解"热岛效应"。

　　道路铺装不可避免地要与排水、种植、地形起伏、无障碍设计等因素相关联，为实现多种功能，必须要与其他附属设施结合，主要包括道牙、明渠、雨水井、坡道与台阶、汀步、盲道、树穴等。

　　1. 斯洛伐克布拉迪斯拉法地面铺装之一

　　地面的黄铜圆圈上标注着世界主要城市的名称以及与此地的距离，圆心是一个指示方向的指北针，既有趣味、知识性，又有实用功能（见图1-3-1）。

　　2. 斯洛伐克布拉迪斯拉法地面铺装之二

　　采用两种不同色彩的小块花岗岩石钉拼镶成相间的图案，活跃了街头广场的氛围（见图1-3-2）。

　　3. 匈牙利布达佩斯地面铺装

　　以大面积的深色花岗岩石钉为主，售票口窗口前用平整的浅色理石加以区分，功能明确（见图1-3-3）。

　　4. 奥地利维也纳地面铺装

　　这是奥地利维也纳美泉宫花园的广场，正对着的是海神喷泉，山坡顶端是凯旋门。这里没有使用硬质铺装，而是采用黄色的河沙，柔软而舒适（见图1-3-4）。

图1-3-2

图1-3-1

图1-3-3

　　5. 奥地利萨尔斯堡地面铺装之一

　　以蓝灰色花岗岩石钉为面，褐色花岗岩石钉为边，形成扇贝形状，很有装饰作用（见图1-3-5）。

　　6. 奥地利萨尔斯堡地面铺装之二

　　这是奥地利萨尔斯堡米拉贝尔花园内的小径，金属制成的侧石显得很整齐，灰色的河沙便于很好地实现雨水回收（见图1-3-6）。

　　7. 捷克布拉格地面铺装

　　雨水井是必要的设施，在欧洲的许多城市都把它装饰起来，通常以该城市的市徽等作为题材（见图1-3-7）。

　　8. 奥地利因斯布鲁克地面铺装

　　这是因斯布鲁克施华洛世奇水晶世界的入口处，台阶的边缘换成了醒目的材质，起到提示作用，更好地保证了行人的安全（见图1-3-8）。

9. 丹麦哥本哈根地面铺装

在条形石材间先用小尺寸的花岗岩石块围成方形，再用圆形石块镶边，把装饰精美的雨水井盖当作一件艺术品凸显了出来（见图1-3-9）。

10. 瑞士苏黎世地面铺装

圆形的水泥铺装在花岗岩石钉的环绕下格外突出，同时也与坐落其上的圆柱形设施在造型上获得统一（见图1-3-10）。

图1-3-4

图1-3-5　图1-3-6

图1-3-7

图1-3-8

图1-3-9

European Landscape Art

11. 瑞典斯德哥尔摩地面铺装之一

这是瑞典斯德哥尔摩皇宫前广场，为了打破大面积开敞空间地面铺装的单调，用石块划分出方格，格子内再用石子拼镶（见图1-3-11）。

12. 瑞典斯德哥尔摩地面铺装之二

这是瑞典斯德哥尔摩市政厅前广场，硬质铺装把绿地划分成方格，显得很规整，小径的碎拼图案又带有园林式的轻松（见图1-3-12）。

图1-3-10

图1-3-11

图1-3-12

13. 芬兰赫尔辛基地面铺装

芬兰赫尔辛基大教堂前的议会广场大面积采用淡黄色石块镶边、红色石块为面的形式；人行道使用单一的黄色石块，但两侧都镶了黑边，以起到提示作用；黑白相间的人行横道能很好地起到保护行人的功能（见图1-3-13）。

图1-3-13

图1-3-14   图1-3-15

14. 挪威奥斯陆地面铺装之一

这是位于挪威奥斯陆生命公园内的地面铺装，其与矩形的草坪、圆形的水池及周边的花坛等景观非常巧妙地组合在了一起，环境幽雅（见图1-3-14）。

15.挪威奥斯陆地面铺装之二

在河岸边的沙滩上，木质的坡道与台阶很好地结合在一起，在丰富景致的同时，也解决了无障碍设计的问题（见图1-3-15）。

图1-3-16

16. 挪威奥斯陆地面铺装之三

这铺装位于挪威奥斯陆滨海新区，木质的栈桥与海水、游艇很搭调，阶梯状设计能满足人们在水边休憩的需求（见图1-3-16）。

17. 意大利罗马地面铺装

这是从意大利罗马西班牙台阶顶部往下俯视的场景，最下面的街道旁就是贝尔尼尼在16世纪末创作的"破船喷泉"。地面用白色石材镶边，并划分为五块，在每块区域里又用小方块形状进行装点，材料非常简单，形式却很经典（见图1-3-17）。

图1-3-17

图1-3-18

图1-3-20

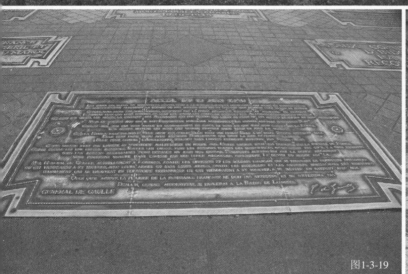

图1-3-19

18. 荷兰阿姆斯特丹地面铺装

铺装颜色较为艳丽，形状与整形绿篱协调统一，石缝中的青苔使其显得苍老古朴（见图1-3-18）。

19. 法国巴黎地面铺装之一

这是巴黎雄狮凯旋门的地面铺装，大面积的灰色花岗岩石块衬托着黄铜墓志，纪念为国牺牲的法国军人（见图1-3-19）。

20. 法国巴黎地面铺装之二

黑白两色搭配形成弯曲舒展的曲线，仿佛水中形成的旋涡（见图1-3-20）。

21. 法国巴黎地面铺装之三

浪漫的法国人把地面都当成了画布，描绘出柔美生长的植物枝茎（见图1-3-21）。

图1-3-21

图1-3-22

图1-3-23

22. 法国巴黎地面铺装之四

采用多种颜色的水刷石铺装材料进行搭配，仿佛是一幅抽象的艺术平面构成作品（见图1-3-22）。

图1-3-24

图1-3-25

图1-3-26

23. 法国里尔地面铺装之一

这条街道的地面以深色石钉为底，白色石钉圈边，形成一个个扇形，具有很强的装饰效果（见图1-3-23）。

24. 法国土昆地面铺装

采用褐色的石块，黑色、白色的石钉，通过方向、划分方式的变化，产生了很有现代艺术感的装饰效果（见图1-3-24）。

25. 法国巴黎地面铺装之五

地面的起伏变化增加了游人行进的兴趣，每一步台阶边缘都进行了圆角打磨，保证行人不受磕绊（见图1-3-25）。

26. 法国巴黎地面铺装之六

灰色水泥地上镶嵌有不同形状的白色理石，加之飘落的树叶与造型协调的休息座凳，形成了极有意境的环境（见图1-3-26）。

图1-3-27

图1-3-28

图1-3-29

27. 法国巴黎地面铺装之七

在笔直的水刷石路面上，插入一条倾斜的小径，形成了一种方向上的对比；右侧的绿地"不老实"地侵入道路，给人感觉自然而有活力（见图1-3-27）。

28. 法国戛纳地面铺装

地面色彩艳丽，非常讨儿童的喜欢，自然的曲线分隔了不同游戏设施的区域（见图1-3-28）。

29. 法国里尔地面铺装之二

利用硬质铺装缝隙中顽强生长的绿草作为铺装的分隔线，形式活泼而自然，同时让人感受到了生命的力量（见图1-3-29）。

30. 法国尼斯地面铺装

利用卵石、红砖这两种简单的材料，沿水池放射状布置花池、小径，具有古典构图的味道（见图1-3-30）。

图1-3-30

图1-3-31

图1-3-32

图1-3-33

31. 法国巴黎地面铺装之八

地面铺装为黑白两色，色彩分明，利用大小、方向的变化形成一种平面构成图案，具有很好的装饰效果（见图1-3-31）。

32. 德国特里尔地面铺装

利用石材铺装的起伏形成了一景，更成为了儿童乐于游玩的场所（见图1-3-32）。

33. 德国萨尔布吕肯地面铺装

台阶巧妙地和地面起伏结合在一起，使人感觉非常自然而乐于接受（见图1-3-33）。

34. 法国巴黎地面铺装之九

大面积灰暗的铺装地面上，一条白色的出现打破了沉闷乏味，增强了整个环境的活力（见图1-3-34）。

图1-3-34

图1-3-35

图1-3-36

35. 德国波恩地面铺装

该地面铺装以灰色为底，黄色的小石块铺成流动的水波纹，装点了这个大面积的广场，同时将人们引到建筑入口（见图1-3-35）。

36. 德国杜塞尔多夫地面铺装

这是德国杜塞尔多夫莱茵河畔的小径，起伏的水波纹图样，很符合周边环境。拉缝和平滑形成了肌理的对比，蓝、白两色构成了颜色的变化（见图1-3-36）。

37. 德国科隆地面铺装之一

该地面铺装位于德国科隆大教堂脚下，镶嵌的铜牌雕刻出了大教堂的平面以及周边环境，不仅仅是地面的装饰，也给游客提供了很多信息（见图1-3-37）。

38. 德国科隆地面铺装之二

这是德国科隆大教堂内部的地面铺装，石材拼花非常具有古典美的装饰效果，制作得相当精细，仿佛是一张嵌满图案的巨大地毯（见图1-3-38）。

图1-3-37

图1-3-38

图1-3-39

图1-3-40

图1-3-41

39.德国汉诺威地面铺装

地面自然的隆起、倾斜与树穴相结合，形成了自得天然之趣的清新环境（见图1-3-39）。

40.德国柏林地面铺装之一

这处地面铺装位于德国柏林博物馆和柏林大教堂附近，平坦的地形为大教堂提供了良好的视野，草坪上的木栈桥既生态又实用（图1-3-40）。

41.德国柏林地面铺装之二

这处铺装位于柏林国会大厦前，草坪突入硬质铺装上，打破了人工与自然的界限，看似无意实则有心，体现出设计师的独具匠心（见图1-3-41）。

42.德国汉堡地面铺装之一

各种形状的块石随意铺镶在一起，缝隙很大，从中生长出绿草，让人觉得非常自然，而且有一种野趣（见图1-3-42）。

图1-3-42

图1-3-43

图1-3-45

图1-3-44

43.德国汉堡地面铺装之二

地面铺装凸起，从而很自然地形成了树穴的两个边框，其他边框则采用防腐处理的木块，非常独特，减少了人工的雕饰。（见图1-3-43）。

44.德国汉堡地面铺装之三

地面铺装比较简单，与绿色的草坪形成了优美的图案，既围合了树穴，也给这个环境带来了趣味（见图1-3-44）。

45.德国汉堡地面铺装之四

这个地面铺装位于德国汉堡海港新城，碎石铺装、草坪以及条石形成的眼睛造型让这个环境具有很高的艺术品位（见图1-3-45）。

第四节 植物造景

植物造景是运用乔木、灌木、藤本及草本植物等元素，通过艺术的设计手法，充分发挥植物的形体、线条、色彩等自然美来创造植物景观。这需要设计者具备科学性与艺术性两方面的知识，既要满足植物与环境在生态适应上的统一，又要通过艺术构图原理体现出植物个体及群体的形式美。

去欧洲感受最深的是欧洲城市的绿化，城市中随处可见参天大树，公园中更是一望无际的草坪，街道两侧有各种垂直绿化与屋顶花园，已经不能简单地用绿化率来描述了。在欧洲无论是城市还是乡间小镇，都为绿色所包裹，到处是葱翠可人的森林和草原。欧洲城市既有零星绿地，也有集中绿地和市内森林。除了广场、路旁、公园等大面积绿化带以外，一些庭院、路角也构成了独特的"城市空间"，作为城市的细胞影响着整个城市的意象。欧洲大多数草坪是可以进去的，可以在草坪上漫步、运动、烧烤，更有成群的人们或躺或仰享受着阳光浴，使用功能与欣赏功能兼顾，完美统一。

园林绿化在欧洲城市景观环境中占有相当重要的地位，早已不是简单的植树种草、"披上绿化不见黄土"的低层次阶段，而是在满足人们的视觉感官要求、改善空气质量的同时，更贴近人的需要，结合景观生态学的原理创造高品质的生活环境，营造了人与自然自由交流的景观空间。

欧洲的许多城市与其说是在城市中做园林，不如说是在园林中做城市，如波恩的城市建设者在美化环境时不是把主要精力放在修建诸多硬质景观上，而是以绿取胜，大力植树、栽花、种草。波恩共有居民约30万人，全市大小公园就有1200个，占地面积490公顷，周围森

图1-4-1

图1-4-2

图1-4-3

林面积达4000公顷，森林和公园总面积占全市总面积的1/3。不仅波恩、慕尼黑、汉诺威、不莱梅等诸多城市皆是如此。透过规则的种植形式，我们不能再片面地批判欧洲园林的人工痕迹和人力对自然的对抗，我们更应看到欧洲城市对自然生态和谐的追求以及已然取得的显著成效。

1. 法国巴黎植物造景之一

一片丛生的浅褐色芦苇分布在小径的两侧，在周围绿色植物的环绕下，呈现出一派野生状态，显得格外醒目（见图1-4-1）。

2. 法国巴黎植物造景之二

在平整的草坪周边用不同高矮的花卉形成两层饰边，非常漂亮，又起到了围合作用（见图1-4-2）。

3. 法国巴黎植物造景之三

常春藤爬满了墙面，除了开窗之外，均被绿植覆盖，具有很好的装饰效果，同时也起到了很好的保温隔热作用（见图1-4-3）。

4. 法国巴黎植物造景之四

白色小花点缀的草坪春意盎然。远处圆台状绿坡覆盖着设施建筑，起到了障景的作用（见图1-4-4）。

图1-4-4

5. 法国巴黎植物造景之五

多个圆球状的整形植物簇拥在一起，周围环绕着野生形式的小花，人工修剪与自然生长的状态相互映衬（见图1-4-5）。

6. 法国巴黎植物造景之六

这是一个大面积的平整草坪，提供了一个非常开敞通透的空间，让人心旷神怡（见图1-4-6）。

7. 法国巴黎植物造景之七

下沉的平整草坪被地被植物所包围，最外侧是高大的整形乔木，共同构成了内向型空间，将人们的注意力引向草坪中的纪念雕像（见图1-4-7）。

8. 法国巴黎植物造景之八

隔水而望，对面的岛上层次丰富，前景是低矮的灌木，中景是景观亭子，背景是高大的乔木（见图1-4-8）。

9. 法国巴黎植物造景之九

这个疏林草地与小桥流水共同营造出如画般的自然风景，让人流连忘返（见图1-4-9）。

图1-4-5

图1-4-6

图1-4-7

图1-4-8

图1-4-9

图1-4-10

图1-4-11

10. 法国巴黎植物造景之十

在蔚蓝色的湖畔有一栋洁白的亭子，景色优美，高大的乔木起到了背景衬托的作用（见图1-4-10）。

11. 法国巴黎植物造景之十一

利用花架形成悬挂式种植，丰富了植物造景的形式（见图1-4-11）。

12. 法国巴黎植物造景之十二

低矮的绿篱修剪成优美的线形，点缀着草坪的边界。远端高大的绿墙起到了围合作用，同时形成四个壁龛，其间矗立着洁白的人物雕像（见图1-4-12）。

13. 法国巴黎植物造景之十三

绿植修剪成模纹花坛，局部点缀圆锥状整形树，是典型的法国勒诺特尔式古典园林植物造景形式（见图1-4-13）。

图1-4-12

图1-4-13

14. 荷兰阿姆斯特丹植物造景之一

这是一个由绿墙围合而成的院落空间，绿篱修剪的线形曲直结合，体量虽小，但尽得古典形式的精华（见图1-4-14）。

15. 荷兰阿姆斯特丹植物造景之二

这个植物造景位于荷兰阿姆斯特丹民俗村。这里河道阡陌，与自然环境相融相生，一派其乐融融的氛围（见图1-4-15）。

16. 卢森堡植物造景

这是卢森堡大峡谷植物景观，峡谷幽深长远，古木参天，郁郁葱葱，层层叠叠，显现出大峡谷毫无拘束的自然之美（见图1-4-16）。

17. 丹麦哥本哈根植物造景之一

硬质铺装广场上，没有采用通常规整的种植，而是力图尽显自然的野趣（见图1-4-17）。

18. 丹麦哥本哈根植物造景之二

草坪上点缀的淡紫色地被植物构成了近景，高大的整形绿篱很好地充当了雕塑的背景，形成一个完整的景点（见图1-4-18）。

19. 丹麦哥本哈根植物造景之三

植物造景位于建筑的墙根部位，进深很小，但种植层次却很丰富，后面的攀爬植物没有过多占用进深，却起到了衬托作用（见图1-4-19）。

图1-4-14

图1-4-15

图1-4-16

图1-4-17

图1-4-18

图1-4-19

图1-4-20

20. 丹麦哥本哈根植物造景之四

前面是矩形、圆球形的整形绿篱，后面是自然种植的乔木，两种形式混搭在一起（见图1-4-20）。

21. 瑞典斯德哥尔摩植物造景之一

从低到高形成了很多层次和轮廓的变化，把建筑掩映在红花绿叶之中（见图1-4-21）。

图1-4-21

图1-4-22　图1-4-23

图1-4-24　　　　　　　　　　　　　　　　　　图1-4-25

22. 瑞典斯德哥尔摩植物造景之二

宽阔的草坪与竖直向上生长的高大乔木形成方向上的对比，树干起到了框景的作用（见图1-4-22）。

23. 瑞典斯德哥尔摩植物造景之三

花园小径的拐角处，一侧种植有蓝色花卉，起到了强调、引导的作用（见图1-4-23）。

24. 芬兰赫尔辛基植物造景之一

缓坡草坪上饰以粉红色的花卉，营造出了优雅、宁静的休憩环境（见图1-4-24）。

图1-4-26

25. 芬兰赫尔辛基植物造景之二

在花园道路的交叉点处设置涌泉是西方园林的惯用手法，再用一些绿叶观赏植物装点池边，让人看不出人工的痕迹（见图1-4-25）。

26.挪威奥斯陆植物造景之一

远处是灰瓦白墙的欧式建筑，在起伏的缓坡草坪，有精心搭配的高大乔木，使人仿佛置身在画中一般（见图1-4-26）。

图1-4-27　　图1-4-28

图1-4-29　　图1-4-30

27.挪威奥斯陆植物造景之二

草坪上低矮的花卉与高大乔木相映成趣，直边用淡紫色花卉镶嵌，弧线部位选择更高一点的白花植物，以示区别（见图1-4-27）。

28.挪威奥斯陆植物造景之三

河水的护坡也采用绿色地被植物，没有任何人工构筑物出现，面对此景能切实感受到"绿草如茵"（见图1-4-28）。

29.挪威奥斯陆植物造景之四

这个植物造景位于挪威奥斯陆生命公园内，两侧高大的乔木为视线边界，中间是不着一物的空阔草坪，将人们的视线引向该园的主景——生命之柱（见图1-4-29）。

30.丹麦哥本哈根植物造景之五

坡道与绿植护坡随地形起伏变化，呈现了一种简洁、新颖的绿化处理方式（见图1-4-30）。

31.奥地利维也纳植物造景之一

这个园林地势平坦，构图宏伟，把花圃当作整幅构图，将黄杨成行种植，形成华美的图案。花坛中栽种各种花卉，仿佛精美的刺绣地毯，令人眼花缭乱（见图1-4-31）。

图1-4-31

32. 奥地利维也纳植物造景之二

大面积的草坪上散布着修剪成圆球状、带尖顶圆柱状的整形植物，带有古典的韵味，同时又有现代的气息（见图1-4-32）。

33. 奥地利萨尔斯堡植物造景之一

这个植物造景位于奥地利萨尔斯堡著名的米拉贝尔公园，以绿色大草坪为背景，用紫色、红色、白色的花卉为画笔，勾勒出精美的模纹花坛（见图1-4-33）。

图1-4-32

图1-4-34

图1-4-33

34. 奥地利萨尔斯堡植物造景之二

这个植物造景将观叶以及各色观花植物沿着条形地带间隔着错落排列，形成了美丽的单侧花径（见图1-4-34）。

35. 奥地利萨尔斯堡植物造景之三

缓坡草坪成为了孩子们快乐嬉戏的场所，高大的乔木提供了树荫，缓坡的顶端设置有座椅，在这里观景具有良好的视野（见图1-4-35）。

36. 奥地利萨尔斯堡植物造景之四

这是典型的欧洲墓园形式，墓碑造型各异，墓碑脚下被各色花卉、绿植所包围，精心的栽植与养护表达了对亲人的思念之情（见图1-4-36）。

图1-4-35

图1-4-36 图1-4-37

图1-4-38

图1-4-39

图1-4-40

37.瑞士沙夫豪森植物造景

疏密有致种植的大乔木布满了小山坡，对顶端的建筑与自然湖水有效地进行了分隔（见图1-4-37）。

38.意大利比萨植物造景

斑驳的黄褐色古城墙外绿草如茵，衬托着城堡的古朴苍老，营造出一种宁静安逸的氛围（见图1-4-38）。

39.德国富森植物造景之一

缓坡草坪上几个坡屋顶建筑若隐若现，穿插种植的变色乔木产生一定的色彩变化，在薄雾的掩映下，仿若置身仙境（见图1-4-39）。

40.德国富森植物造景之二

充分利用了橘色、红色、黄色、白色花卉以及绿叶灌木，搭配组合成街角绿地一景（见图1-4-40）。

图1-4-41

图1-4-42

图1-4-43　图1-4-44

图1-4-45

41. 德国卡塞尔植物造景之一

乔木簇拥围合着中心小岛，位于黄金分割点上的一棵体量巨大的乔木把小岛掩映起来，激发游人一探究竟的热情（见图1-4-41）。

42. 德国卡塞尔植物造景之二

两株体量巨大的乔木分列在湖心岛两侧，俯仰相异，共同拱卫着优美的景观亭，重点得以突出（见图1-4-42）。

43. 德国卡塞尔植物造景之三

道路一侧是古老的建筑上，其柱子、围廊、拱券上都攀爬着蔓生植物，植物的生命给冰冷的建筑带来了无限生机（见图1-4-43）。

44. 德国罗斯托克植物造景之一

花坛不一定都种植明媚的花卉，欧洲人偏爱种植散乱丛生的观叶植物，因其更能让人感受到盎然顽强的生命力（见图1-4-44）。

45. 德国罗斯托克植物造景之二

菊花、千屈菜等花卉散乱地种植在一起，给人带来一种原始的野趣（见图1-4-45）。

46. 德国慕尼黑植物造景

景观亭处于视线的焦点，小径以其为圆心放射开来，小径两侧和草坪的周边都用明媚的鲜花加以装点（见图1-4-46）。

图1-4-46

图1-4-47

图1-4-48

47. 德国斯图加特植物造景

在花岗岩石钉围合的花坛里开满了橘黄、黄、白相间的小花，虽然其坐落在城市的广场上，却具有浓浓的乡野气息（见图1-4-47）。

48. 德国特里尔植物造景

修剪成型的绿篱之间点缀着红色花卉栽植的图纹，在白色细沙石的衬托下，具有很好的俯视效果（见图1-4-48）。

49. 德国罗滕堡植物造景

建筑的山墙上爬满了绿色的蔓生植物，仅留出了窗口。阳台用粉色、红色的花卉进行了装点，美不胜收（见图1-4-49）。

图1-4-49

图1-4-50

50. 德国纽伦堡植物造景

一株高大的乔木遮挡了建筑的局部，使建筑半隐半现，不能被一览无余，增加了其神秘感（见图1-4-50）。

51. 德国德累斯顿植物造景

这是中世纪古老建筑前的植物景观，略高于路面的草坪围合出喷泉水池和花坛，其平坦衬托出建筑的宏伟壮观（见图1-4-51）。

图1-4-51

52. 德国法兰克福植物造景之一

欧洲人可谓是"见缝插绿"，连城市有轨电车的轨道上都被草坪所覆盖，仅留出供通行的铁轨，别有一番景象（见图1-4-52）。

53. 德国法兰克福植物造景之二

这是由城市公共休息座椅围合起来的绿篱，本来是很常见的一种形式，只是这个案例绿篱平面呈三角形，立面呈双面坡形式，别具一格（见图1-4-53）。

图1-4-53

54. 德国不莱梅植物造景

在缓坡的草坪上，栽有红、粉、白色相间的花卉，仿佛河水般流淌下来，一片花团锦簇，繁花似锦（见图1-4-54）。

55. 德国杜塞尔多夫植物造景

这个植物造景位于德国杜塞尔多夫新媒体港湾，在高低起伏的草坪上种植着随坡就坡的整形绿篱，再以散点布置的石块为点缀，营造出舒适的休憩环境（见图1-4-55）。

56. 德国科隆夫植物造景

这是一片以乔木为边界围合出来尺度巨大的草坪空间，人们在这里游戏、休息，尽情享受阳光，带来开朗舒畅的感受（见图1-4-56）。

图1-4-54

57. 德国多特蒙德夫植物造景之一

这个植物造景采用两种颜色的绿色植物作为花坛的元素，虽然没有花开的艳丽，却别又一番风味（见图1-4-57）。

58. 德国多特蒙德夫植物造景之二

花坛沿着台阶踏步逐级展开，立面层次丰富。人们在行进的过程中可以获得不同的视觉感受（见图1-4-58）。

59. 德国汉诺威植物造景之一

低矮的绿篱勾勒出花坛的边界，花坛里按照一定的规律种植观花、观叶植物，又活跃、又有变化（见图1-4-59）。

图1-4-55

图1-4-56

图1-4-58

图1-4-57

图1-4-59

60. 德国汉诺威植物造景之二

　　这是被誉为"绿色明珠"的海恩豪森王宫花园的核心区域，其整体精雕细琢，规划齐整，是早期巴洛克园林艺术的典型代表，显得高贵典雅（见图1-4-60）。

图1-4-60

61. 德国汉诺威植物造景之三

从前至后分别由狗尾草、一串红、霞草、小叶黄杨绿篱构成一个组团，多个组团参差排列，灵活多变而又和谐统一（见图1-4-61）。

62. 德国汉诺威植物造景之四

一组组绿篱被修剪成各种不同的形状，组合搭配在一起，如同列阵一般，构思新颖（见图1-4-62）。

63. 德国汉诺威植物造景之五

草坪、碎石铺装共同构成了精美的图案，并在重点部位设置喷水池，点缀以四棱锥状的整形树，古典而又经典（见图1-4-63）。

图1-4-61

图1-4-62

图1-4-63

64. 德国柏林植物造景之一

在硬质铺装广场上随意而又自然地突出几块草坪，打破了广场的冷漠与呆板，使人感觉很轻松愉悦（见图1-4-64）。

65. 德国柏林植物造景之二

这个植物造景沿着长度方向铺设的白色石块限定了花池的边界，让人感觉非常整洁（见图1-4-65）。

图1-4-64

图1-4-65

图1-4-66

图1-4-67

图1-4-68

66. 德国汉堡植物造景之一

花开繁茂的花灌木簇拥在休息座凳左右，形成了让人流连的公园休息场所（见图1-4-66）。

67. 德国汉堡植物造景之二

茂盛的植物位于建筑入口两侧，形成对植，强调了入口。植物被修剪成驼峰的形状，毛茸茸的非常可爱（见图1-4-67）。

图1-4-69

68. 德国汉堡植物造景之三

花开繁茂的灌木布置在建筑平面的四周，软化了建筑边界，使环境更加自然（见图1-4-68）。

69. 德国汉堡植物造景之四

深秋的德国汉堡阿尔斯特湖湖畔，树林、草坪已经被落叶覆盖，带有鲜明的季节特征（见图1-4-69）。

70. 德国汉堡植物造景之五

这个植物造景利用高低起伏的草坪和自然的景观素材，装点了台阶和侧墙，起到了衬托其后游乐设施的作用（见图1-4-70）。

图1-4-70

第五节 涂鸦艺术

  涂鸦起源于希腊文，在法语和英语叫"书写"，可以看作是独特的书写或绘画行为，"涂鸦"最初特指在古迹、古墓或废墟上找到的铭文和图画。现代的涂鸦（Graffitist）指的是在公共墙壁上涂写的图画或文字，通常含有幽默、娱乐或政治等内容。这种由美国朋克文化催生的流行于世界的街头文化具有纯粹性与原创性，是涂鸦者对生活、对人生的看法和观点的反映，是一种表达自我意念和情感的媒介。涂鸦艺术内在所蕴含的激情和大胆的构图、浓郁的色彩等诸多外在因素共同构成了其独特的审美特征，是其创作者情感物态化的产物，是对传统审美的颠覆。

  一开始涂鸦的作者以喷漆瓶为渲染情绪的画笔，表达自己对现今社会的看法和立场；而后学院派艺术家跟进，专业涂鸦人出现，涂鸦艺术开始进驻艺术画廊，从原先的反文化先锋成为商业文化艺术的主流。近年来，涂鸦文化逐渐走进设计领域，与各种设计都有密不可分的联系，比如字体设计、广告设计，还有公共空间设计等。涂鸦艺术丰富的视觉元素对公共空间起到了视觉和精神的调节作用，在公共空间中呈现出一种多元化的视觉样式，极大地丰富了公共空间的文化和艺术表达。

  涂鸦艺术使用的工具和材料比较专业，大多是喷漆与马克笔；色彩相对丰富，视觉冲击力强，有很强的艺术观赏性；字体和图案都经过精心修饰并带有设计和创作的意味；墙壁的使用面积相对比较大，并且形成一定的规模和风格。比如在德国，政府部门和一些涂鸦组织合作，开辟场所供"有执照"的爱好者创作。每年举行涂鸦比赛，提高涂鸦的艺术性。

  1.法国巴黎涂鸦艺术之一

  这是小区围墙上的涂鸦，与路人和街道融为一体，传达着自由随意的状态，与现代城市建筑及公共空间规划的理性和单调形成了对照（见图1-5-1）。

图1-5-1

图1-5-2

  2.法国巴黎涂鸦艺术之二

  涂鸦这种以"反叛"而著称的艺术洋溢着自由奔放与狂放不羁，并且俨然已在城市街区环境中扮演重要的角色，并作为时尚符号被广泛地应用于现代设计中（见图1-5-2）。

  3.法国巴黎涂鸦艺术之三

  涂鸦艺术往往以膨胀变形、率性自然、丰富鲜明、诙谐幽默的图形为主体，营造出一种轻松、自由的画面氛围，趣味十足的作品给城市街道增添了生活气息（见图1-5-3）。

图1-5-3

图1-5-4

4.法国巴黎涂鸦艺术之四

现代涂鸦艺术无处不在，厢式货运汽车也成为了涂鸦艺术的载体，俨然已成为城市街头一道流动的风景线（见图1-5-4）。

5.法国巴黎涂鸦艺术之五

双层旅行大巴车体绘满了连环漫画，不乏幽默轻松，带有浓厚的生活气息（见图1-5-5）。

图1-5-6

图1-5-5

图1-5-7

6.法国巴黎涂鸦艺术之六

个性独特、放肆大胆的涂鸦艺术同样出现在餐桌上，其热烈的表现力与不可抗拒的感染力为市民的休闲生活注入了活力与生气（见图1-5-6）。

7.法国巴黎涂鸦艺术之七

这是由汽油桶改造而成的烟灰缸，原本是一件很普通单调的公用设施，但其色彩艳丽的涂鸦则带来强烈的视觉冲击力（见图1-5-7）。

图1-5-9

图1-5-8

图1-5-10

8.法国巴黎涂鸦艺术之八

建筑的山墙是涂鸦经常光顾的场所，涂鸦艺术已悄然与城市的生存状态紧密联系在一起（见图1-5-8）。

9.法国巴黎涂鸦艺术之九

建筑是一切艺术的载体，作为大众艺术重要元素的涂鸦艺术当然也不例外，美化、装点了城市建筑景观（见图1-5-9）。

10.法国巴黎涂鸦艺术之十

游人与绘画中的人物融为一体，你中有我，我中有你。人们在图形中得到消遣，获得愉悦的审美感受（见图1-5-10）。

图1-5-11

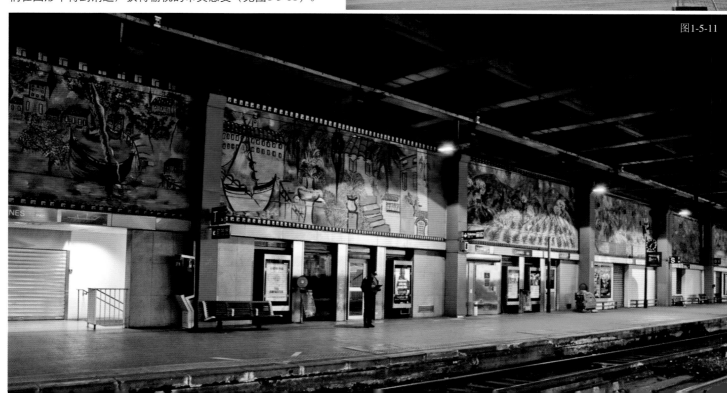

图1-5-12

图1-5-13

图1-5-14

11.法国戛纳涂鸦艺术

火车站站台是人们聚集的重要公共场所，墙面上的一幅幅涂鸦画卷展现了该城市的人文氛围（见图1-5-11）。

12.法国土昆涂鸦艺术

涂鸦艺术具有丰富的视觉元素、极强的个性品位、一定的技巧性及复杂眩目的表现形式，被广泛运用到公共商业门面的广告设计中（见图1-5-12）。

13.法国巴黎涂鸦艺术之十一

足球场球门后面的挡墙也被充分利用，作品手法流畅、简洁、明确，取得了夸张、鲜明、引人注意的效果，从而激发了人们参加运动的热情（见图1-5-13）。

14.西班牙巴塞罗那涂鸦艺术之一

快餐店墙面被涂鸦艺术装饰起来，采用鲜艳、对比强烈的色彩，获得视觉上的强烈冲击，刺激了人们的食欲（见图1-5-14）。

15.西班牙巴塞罗那涂鸦艺术之二

没有高贵，不要矜持。在这个涂鸦艺术作品中，强烈的色彩烘托着整体气氛，突出了视觉效果（见图1-5-15）。

16.德国汉堡涂鸦艺术之一

涂鸦是自由的、随心所欲的，涂鸦艺术家无限的想象力与创造力通过这些风格迥异的图形极好地展示出来（见图1-5-16）。

图1-5-15

图1-5-16

17.德国汉堡涂鸦艺术之二

展览馆前广场矗立的现代雕塑底部绘满了涂鸦，作者充分考虑了材质、色彩与表面肌理，采用适宜的色彩表达，有着强大的表现力（见图1-5-17）。

18.德国汉堡涂鸦艺术之三

蜿蜒的汽车隧道具有很强的流动感，两侧的墙面被文字构成的涂鸦布满。这些文字讲究形式美感，构图平衡，整体结构完整，本身就是一件件独立的艺术作品。（见图1-5-18）。

19.德国汉堡涂鸦艺术之四

这是城市地铁轨道的围墙，涂鸦色彩单一、纯粹，与木格栅材质形成了很好的图底关系，特别能引起关注，体现了趣味化和个性化的特点（见图1-5-19）。

20.德国汉堡涂鸦艺术之五

文字的多样化是涂鸦艺术的一个突出的审美特征，经过艺术家的创作加工之后，文字以新的形式展现出来，独出心裁（见图1-5-20）。

图1-5-17

图1-5-18

图1-5-19

图1-5-20

第六节 夜景照明

城市照明的质量反映了一个城市的经济繁荣程度、文化与精神生活的品质，是人们生活中不可缺少的，也是文明社会的功能需求。进入21世纪，城市照明艺术在人们活动场所中的美化作用更是日渐增强，为我们的生活和工作提供了良好的视觉条件，丰富了环境空间，使之更符合人们生理和心理的要求，从而使人们得到美的享受和心理慰藉。塑造良好的光影世界，提高城市空间环境的光照效果和光环境舒适度，可以满足人们不断提高的物质与精神生活需要。

照明是科学也是艺术，城市照明在满足人们夜晚活动出行需要的同时，还具有美化城市、展现城市风采、增强城市魅力的装饰功能。不同光照形式与色彩表达了环境所具有的个性和艺术效果。灯具也不再是单纯的照明设备，而是通过自身的造型及与建筑景观的构造肌理、装修风格的有机结合，营造某种特定的氛围，达到美化环境的目的。

一、常用照明方式

1. 投光方式照明

20世纪60年代出现了高强气体放电灯，才有了夜晚投光灯。投光照明是用投光灯将光直接照射建筑上，在夜间重塑建筑形象的照明方法，多用于建筑立面平整或体量感强的建筑，如建筑立面的实体墙、屋顶的塔尖等处的照明。这种方法能最大限度地表现建筑物的造型、立体感、材质肌理、表面色彩以及细部处理，所以应用非常广泛。

2. 轮廓照明

轮廓照明的做法是将点光源连续安装形成光带，或用LED、串灯、霓虹灯、美耐灯、导光管、通体发光光纤等线形灯饰器材直接勾画建筑轮廓。特别要强调的是大功率、高亮度的LED问世后，为轮廓照明手法注入了新的活力，尤其是在玻璃幕墙的立面照明上很快得到了广泛应用。它可随意勾画出多彩多姿的图案，给建筑立面照明增添了不少内容。

3. 内透光照明

内透光照明是沿建筑窗洞安装灯具（景观灯），使光线透过玻璃窗的照明手法，多用于建筑外立面有大面积玻璃幕墙的建筑。这种方法最大的优势是照明效果独特，照明设备不影响建筑外立面景观，而且基本上没有眩光，节能省电，维修方便。

4. 剪影照明

这种照明方式也叫背光照明，是将被照建筑后面的背景充分照亮，与被照建筑用照度分开，使建筑保持相对的黑暗状态，形成剪影效果的照明方式，景观效果独特迷人。

5. 动态照明

建筑照明进行动态变化可以是多种形式的，如亮暗、跳跃、走动（从左到右、从上到下或从下到上）、变色等。这种方法可以加强照明效果，激发气氛，创造意念。

6. 光源形态照明

这种照明方式是利用光源自身的颜色及其排列，根据创意组合成各种发亮的图案，如花、鸟、吉祥物等，装点在建筑物的表面，起到装饰作用，如激光水幕、电脑舞台追光灯、线光源装饰灯等，使形态照明得以升华。

7. 混合照明

在建筑夜景照明中采用单一照明方式往往显得过于呆板，缺乏生机。所以许多建筑照明将多种照明方式结合使用，营造出丰富多彩的光影效果。如内透光照明与投光照明结合，外投光照明与轮廓照明结合，或几种照明方式相结合等，都能产生良好的照明效果。

二、照明案例

1.法国巴黎夜景照明之一

建筑裙楼的照明色彩缤纷，几种光色交替变化，感觉光在建筑墙面之间流动不息（见图1-6-1、图1-6-2）。

2.法国巴黎夜景照明之二

透明玻璃之后是一个个大小不一、矩形倒角的霓虹灯，发出不同的色彩，自由活泼（见图1-6-3）。

图1-6-1

3.匈牙利布达佩斯夜景照明之一

采用统一的暖色系照明，并对中间部分突出的轮廓加以重点照明，突出了古典建筑的风格魅力（见图1-6-4）。

4.匈牙利布达佩斯夜景照明之二

这是匈牙利布达佩斯的代表性建筑"链子桥"，每到夜晚，桥上亮起数百装饰灯，景色非常迷人。（见图1-6-5、图1-6-6）。

图1-6-2

图1-6-3

图1-6-4

图1-6-5

图1-6-6

图1-6-7

5.匈牙利布达佩斯夜景照明之三
这是世界历史文化遗产——匈牙利布达皇宫，其是该城市的制高点，在暖黄色灯光的烘托下，被渲染得富丽堂皇（见图1-6-7）。

6.匈牙利布达佩斯夜景照明之四
这是匈牙利布达佩斯的国会大厦，是一座规模宏大的宫殿式新哥特风格建筑群。灯光特别照亮了建筑中心的圆形拱顶以及建筑两侧的两个白色哥特式大尖顶，对22个小尖顶也有所顾及，强化了建筑优美的天际线（见图1-6-8）。

图1-6-8

图1-6-9

7.奥地利维也纳夜景照明之一
这是被称为"世界歌剧中心"的维也纳歌剧院，是一座高大的方形罗马式建筑。设计者充分利用突出的檐口隐藏灯具，采用向上投射的方式，使得建筑显得更加轻盈（见图1-6-9）。

8.奥地利维也纳夜景照明之二
这是维也纳音乐厅，举世闻名的维也纳音乐协会"金色大厅"就身处其中。这座意大利文艺复兴式建筑黄红两色相间，被射灯装点得分外秀丽，古雅别致（见图1-6-10）。

图1-6-10

图1-6-11

9.奥地利维也纳夜景照明之三

这处夜景照明位于维也纳克恩顿步行街上，商场内部灯火通明，商家很会利用灯光效果来吸引顾客（见图1-6-11）。

10.卢森堡夜景照明之一

这是一个卢森堡的火车站，建筑曲面流畅，上半部分采用半透光的膜结构，淡蓝色的冷光透射出来，彰显了现代建筑材料的魅力（见图1-6-12）。

11.卢森堡夜景照明之二

在这个建筑外墙上装饰有多个霓虹灯圆环，发出色彩不一的光，非常引人注目（见图1-6-13）。

图1-6-12

图1-6-13

12.卢森堡夜景照明之三

这是一个卢森堡的工业遗址改造项目，原来粗壮的钢筋混凝土柱被保留，并作为该地区的记忆符号。照明采用灯笼和向下的射灯，强调了这种记忆的存在（见图1-6-14）。

13.德国法兰克福夜景照明之一

这是德意志商业银行总部大楼，这座53层、高298.74米的三角形高塔是世界上第一座高层生态建筑，其结构体系是以三角形顶点的三个独立框筒为巨型柱，通过巨型梁连接而围成巨型筒。灯光照明重点照亮巨型柱，强力刻画出该建筑引以为豪的特色（见图1-6-15）。

14.德国法兰克福夜景照明之二

这是透明玻璃围合起来的建筑垂直交通楼梯，通过轮廓照明的方式，把旋转楼梯优美的曲线淋漓尽致地展现出来（见图1-6-16）。

15.德国慕尼黑夜景照明

这处夜景照明通过简洁明快的色彩和主次分明的手段，营造出优美、气势恢宏的大型水景，具有强烈的感染力和表现力（见图1-6-17）。

图1-6-14

图1-6-16

图1-6-15

16.德国斯图加特夜景照明之一

屋顶和连廊内部用暖黄色灯光照射，与天空的冷蓝色形成鲜明的色彩对比（见图1-6-18）。

17.德国斯图加特夜景照明之二

这是德国斯图加特艺术博物馆，到了晚上，整幢建筑里里外外被照得通透发亮，就像一颗发光的夜明珠，从远处看就像一个发光的立体玻璃盒子飘浮在夜空中（见图1-6-19）。

图1-6-17

图1-6-18

18.德国科隆夜景照明之一

蓝颜色的柱身和顶部的色光照明与周围暖色光照明为主的建筑相比格外突出，达到了商业宣传的效果（见图1-6-20）。

19.德国科隆夜景照明之二

"光"在教堂建筑中扮演着重要的角色，让夜色中的科隆大教堂蔚为壮观。在灯光的辉映下，教堂显得灿烂夺目，既突出了哥特式建筑的轻盈形态，也保持了教堂神圣的庄严氛围（见图1-6-21）。

20.德国汉堡夜景照明之一

这是德国汉堡电子商品专卖旗舰店，黄、红两种色彩的射灯间隔排列，具有较强的现代感（见图1-6-22）。

图1-6-19

图1-6-20　　　　　　　　　　　　　图1-6-21

图1-6-22

21.德国汉堡夜景照明之二

这是德国汉堡为欢度圣诞节而制作的景观亭，利用串灯勾勒出景观亭、圣诞老人驯鹿车子的轮廓，带给人闪烁的视觉效果（见图1-6-23）。

22.德国汉堡夜景照明之三

建筑外墙用白色光源照射，依据主次程度进行强度的变化。顶部的匾额用水平向的射灯加以照明，中心主楼则用向上的投射光，整体显得典雅明快（见图1-6-24）。

图1-6-23

图1-6-24

图1-6-25

23.德国科隆夜景照明之三

此照明尽量利用古典风格装饰丰富的线脚、檐部、山花的构件隐匿灯具，有选择地进行照明，突出了重点（见图1-6-25）。

24.德国汉堡夜景照明之四

在宽阔的草坪上，洁白的立方发光体呈点状散布其间，带有一丝神秘感，让人兴奋（见图1-6-26）。

25.德国汉堡夜景照明之五

这是德国汉堡市政厅，位于风光秀丽的内阿尔斯特湖边，其建筑造型为新文艺复兴风格。建筑由烟灰色砂岩砌成，古朴而典雅。照明重点突出了绿色屋顶以及大楼中央112米高的尖塔，凸显了它的恢宏气势和精美装饰（见图1-6-27）。

图1-6-26

图1-6-27

图1-6-28

26.德国汉堡夜景照明之六

这是与喷水景观结合的灯光照明，在音乐的伴奏下，喷泉变换着形态和扬程，灯光也随之不断变化，让人们不禁惊叹现代技术与艺术的完美结合（见图1-6-28）。

第二章 建筑细部及装饰艺术

建筑细部设计是指通过建造法则来表现立面造型、色彩、材质等的特质，进而增强设计概念的清晰性，同时完善建筑的层次体系，提高建筑的品质，体现局部与整体的协调关系。细部是建筑造型中最小的意指单元，但绝非建筑中次要的构成元素，许多建筑甚至把建筑整体理解为"细部的解决、更替和设计的结果"。建筑细部无疑是建筑语言外在表达的主要物质构件之一，优秀的建筑设计师既要有对建筑整体方面的严格把握，又必须比较善于在细节的雕琢上下功夫。

欧洲有句谚语："上帝在细节之中"（God lives in the details），对于笃信上帝的欧洲人来说，细部就是传统精神的一部分。对建筑细部精雕细琢、臻求完美，正所谓"于细微处见精神"。建筑师虔诚地在细节中把握真实，后人一代一代精心维护并尊重，造就了欧洲建筑精致的细部装饰。

欧洲人追求永恒，从欧洲古典建筑的起源——古希腊建筑，就青睐石材。凝聚了大自然原力的欧洲人堪称天生的石材运用专家，他们深谙石材的原塑性，能够从其深厚坚实的外观中把握多种细腻的质感。爱奥尼克柱式柱头上的旋涡、科林斯柱式柱头上的由忍冬草叶片组成的花篮、神态自如的少女雕像柱及三角形山花、山墙檐口上的浮雕，都刻画得精细入微，使古希腊建筑显得高贵、典雅。古希腊建筑对细节的追求不仅仅局限于精美的雕刻艺术，一些校正视觉的措施更令人叹为观止。典型的例证当属帕提农神庙，为有效地掩饰了中部的下陷，基座台基的棱线、檐口、檐壁的水平线分别向上、下拱起呈弧线形，东西端中部高相差60毫米，南北两侧的棱线中线处相差110毫米；柱身轮廓有卷杀和收分，尽端开间稍小，角柱稍粗，以避免在天空背景上显得细小；角柱的轴线向里倾斜60毫米，各柱的轴线按延长线在台基上空2.4千米处相交的规律排列，避免了外倾感。由此，最终才能使建筑形象稳定、平直、丰满，造就了古希腊建筑的光辉。

古罗马建筑的突破在于火山灰混凝土的发现以及拱券结构的发明与使用。建筑技术的发展促使建筑的尺度扩大，建筑的体量进一步向纪念性发展，但这丝毫没有影响建筑细部的发展。为解决柱式与券拱结构的矛盾，罗马人采用券柱式组合、连续券的方式使柱式趋于统一；为解决柱式与多层建筑物的矛盾，发明了叠柱式；为解决柱式与罗马建筑巨大体积之间的矛盾，罗马人以富有细节的线脚——合线脚代替简单的方式来丰富外檐。最终形成古罗马建筑物形式多样、构图和谐统一、雄浑凝重的风格，造就了古罗马建筑的伟大。

中世纪的建筑以欧洲东部的拜占庭式和西部的哥特式为代表。拜占庭建筑的穹顶不便于贴大理石，所以马赛克镶嵌画和粉画就成了装饰壁画的主要手段，精美的彩色面砖和琉璃镶嵌装饰艺术拼组出了富丽而有神秘感的的图案。拜占庭风格的柱头成为雕刻的重点部位，刻有植物或动物图案，甚至施以鲜艳的色彩，使柱头如刺绣般美丽。即使被称为"野蛮人"建造的哥特式建筑，在纤瘦高耸、空灵虚幻的背后，仍不难发现哥特建筑细部数量与体量的相互呼应，而不是简单放大。束柱代替了古典柱式，辅以飞扶壁的尖券、骨架卷代替了圆拱。框架结构的出现，厚重的墙体不复存在，雕刻艺术没有了依附的所在，但这丝毫不影响建筑师的激情，彩色玻璃镶嵌应运而生。彩色玻璃窗形成色彩斑斓的光线和形象纤细的浮雕和石刻打造出了"非人间"的仙境氛围。这已不再是地上的宫殿，早成为了天堂里的神宫。

文艺复兴运动的实质性思想是人文主义，即提倡"人性"，反对教会的"神性"。建筑作为文艺复兴运动的导火索，留下了自己的鲜明印迹。基于对中世纪神权至上的批判和对人道主义的肯定，此时的建筑反对哥特风格的参差不齐，而比较讲究统一与理性，装饰丰富细腻。外墙立面粗石与细石墙面的分层处理；采用古典柱式；券柱式、双柱、拱廊、粉刷、隅石、装饰、山花变化丰富；叠柱式壁柱将立面分隔成大小一致的矩形，窗子被严格限制在矩形的间隔内；加之女儿墙上精美的人物雕塑，使文艺复兴建筑呈现出崭新的面貌。

巴洛克建筑更是将细部装饰发挥到了极致，采用双柱、3/4壁柱在凹凸度很大墙面产生强烈的光影效果；繁缛的盘蜗、涡卷雕饰；双山花；折断的檐部；波浪状曲线和反曲线的形式等，正是这些细部创造出了具有立体感、深度感、层次感的立面形式。巴洛克风格废弃了神性和理性的严肃面目，赋予了建筑以人性和情感，通过建筑细部的组织实现整体结构的统一，这也造就了巴洛克建筑豪华、浮夸、怪诞、动感的风格。

古典主义建筑讲求"纯正"的严谨造型，强调主从关系，突出轴线，讲究对称的横三段和纵三段式的立面构图形式；强调局部和整体之间以及局部之间的比例关系；檐口及天花周边用西洋线脚装饰，正面檐口或门柱往往以三角形山花装饰；屋顶沿街或转角部位加穹隆顶、阁楼亭。由此可见在造型雄伟、粗犷浑朴的外轮廓下，高雅精致的细部仍是古典主义的不懈追求，设计更趋精细，品位更加典雅。

19世纪末至20世纪初，浪漫主义建筑、新古典主义建筑、折衷主义建筑轮番登场，反对资本主义制度下用机器制造出来的工艺品。虽然建筑师没有依据新时代和新技术去创造新的建筑形式，但也依然能够感受到人们对古典建筑精美装饰的留恋。

工艺美术运动、新艺术运动均是针对工业化批量生产而导致艺术性和质量下降的问题，强调在使用新材料、新结构的同时，要注重其艺术性，意欲创造一种前所未有的、能适应工业时代精神的装饰方法，使建筑也呈现出精雕细琢般的品质。

经历了多种风格、流派的反复交锋，最终现代主义扛起了世界建筑发展的大旗。现代主义建筑艺术造型简洁，但利用各种新技术、新材料设计的建筑无不体现出时代装饰美的特征，个个别出心裁，装饰手法不同凡响，而这些均建立在设计之初对每一个细部的严谨推敲之上。

现代主义建筑实践表明，装饰细部并不是一种表面化的修饰与涂脂抹粉，从最外层的涂饰、纹样、浮雕到结构性装饰构件、装饰的结构，装饰细部的发展一步步由表及里、从张扬趋于内敛。而往往越是内敛，其功能就越强，意义就越深刻。即使是标榜简约的"极少主义"也没有抛弃装饰细节，而只是改变了它的存在方式与表现形式，并使其进入深刻的结构层面，丰富和拓展了装饰细部存在的意义。

通过对欧洲建筑历史发展的回顾可以清晰地发现，细部装饰是人类创造美、表现物质产品与时代文化艺术的象征，不同时期、不同风格的装饰作品不会因时代的更替而消失，相反它们会"凝固"在历史的遗存中。

第一节　柱式

柱式一直是欧洲古典建筑极其重要的要素，是西方古典建筑美学中极有价值的重要组成部分，是结构美、技术美与雕塑美的完美结合，展示了不同时期的审美情趣和其所蕴含的历史、文化积淀。

柱式可分为柱础、柱身、柱头三部分，通常由柱子和檐部两大部分组成。由于各部分线脚、凹槽、雕饰等细节处理都基本定型，而形成各不相同的柱子样式。各部分的比例是古典柱式非常重要的因素，因为它是通过建造实践总结出来的，是材料力学特性和结构合理性的正确体现。古希腊柱式有多立克柱式、爱奥尼克柱式与科林斯柱式三种。古希腊建筑的柱上架梁、梁上架楼板的构造体系使柱承担了承重与形式美的双重责任。古罗马发展了塔司干柱式和组合柱式，与上述三种柱式并称古典五柱式，影响着欧洲建筑的发展历史。古罗马建筑的主要承重结构是拱券，为解决拱券结构的笨重墙墩与柱式艺术风格的矛盾，发明了券柱式。为解决柱式与多层建筑的矛盾，发明了叠柱式。这一时期，柱子的装饰性大过了结构功能。

一、柱式定位

1. 多立克柱式

此柱式比较粗大雄壮，没有柱础，雄壮的柱身从台面上拔地而起，柱身的20条凹槽相交成锋利的棱角，有明显的收分和卷杀。多立克柱又被称为男性柱，柱头是简单而刚挺的倒立圆锥台。柱高为底径的8倍，檐部高度约为整个柱子的1/4，柱子之间的距离一般为柱子直径的1.2～1.5倍。

2. 爱奥尼克柱式

此柱式比较纤细秀美，柱身有24条凹槽，柱头有一对向下的涡卷装饰。爱奥尼克柱具有优雅高贵的气质，犹如秀美的女子，所以又被称为女性柱。其柱高一般为底径的9～10倍，檐部高度约为整个柱子的1/5，柱子之间的距离约为柱子直径的2倍。

3. 科斯林柱式

此柱式在比例、规范上与爱奥尼克相似，比爱奥尼柱更为纤细，柱头用毛茛叶作装饰，形似盛满花草的花篮。相对于爱奥尼克柱式，科林斯柱式的装饰性更强。

4. 塔司干柱式

此柱式是多立克柱式的一种简化了的变体，去掉了柱身上的齿槽，柱高为底径的7倍，更加粗壮，柱础是较薄的圆环面。

5. 组合柱式

此柱式是将科林斯柱式的顶端与爱奥尼克柱式的涡卷相结合，柱高为底径的10倍，显得纤细秀美、复杂、华丽。

中世纪时期，哥特式柱子不再是圆形，而是四根或多根细柱附在一根圆柱上，称为束柱，是框架式建筑的主要承重构件。这一时期柱子风格质朴，功能性大过装饰性。拜占庭风格的柱头多为上大下小，呈倒方锥形，而且有不规则的平面褶皱，通常采用高浮雕的手法雕刻细碎的花纹。

到文艺复兴时期，严谨的古典柱式重新成为控制建筑布局和构图的基本要素，并制定出了严格的规范。叠柱式壁柱广泛出现在外墙立面上；同时发明了巨柱式，将普通柱式拔高几倍，贯穿二层或三层建筑。巴洛克建筑采用双柱、3/4壁柱、不同柱式灵活组合、扭曲变形等形式，以达到追求新奇、动感、光影效果的装饰目的。古典主义建筑以古典柱式为构图基础，反对柱式与拱券结合，主张柱式只能有梁柱结构的形式，巨柱被突出地当作构图的主要手段，而且形成了一套程式。

"如果说古典建筑是手工业社会的产物，现代建筑是工业社会的产物，那么后现代建筑则是信息社会的产物。"工业革命使得新建筑材料、建造技术不断涌现，如钢筋混凝土、钢结构、框架结构、剪力墙结构、井筒结构等，柱式从以功能性为主退为以装饰性为主，从而充分体现结构、材料的科技美，形式丰富，缤纷多彩。到了后现代主义时期，柱式承担了维持建筑发展历史血脉的重要作用，俨然成为传承地域文化的重要表现手法。

二、柱式案例

1. 法国巴黎建筑细部——柱式之一

这是法国巴黎法院，建筑外立面用10根壁柱作为构图中心，中间为1/2圆柱，檐口部分变为1/2方柱，并配以人物头像，正中央柱间檐部配以象征正义的天平浮雕，主题明确（见图2-1-1）。

2.法国巴黎建筑细部柱——柱式之二

这是法国巴黎股票交易所，法国最大的证券交易所。古希腊列柱围廊式建筑四周排列着科林斯巨柱，使建筑立面具有很好的虚实、光影变化（见图2-1-2）。

3.法国巴黎建筑细部柱——柱式之三

法国巴黎国家档案馆是负责管理历史档案和法兰西共和国各中央机关档案的场所。这是档案馆的入口部分，为加强轴线，采用对称式布置，双柱的形式突出了它的高大与宏伟（见图2-1-3）。

4.法国巴黎建筑细部——柱式之四

坐落在塞纳河南岸的法国巴黎国民议会大厦是法国最高立法机构的所在地，被看作是法国法律的象征。典型的古希腊复兴式建筑，门廊是古希腊建筑的灵魂，白色柱身的科林斯柱式在砖墙的衬托下格外醒目，与河对岸的玛德莱娜教堂遥相呼应（见图2-1-4）。

图2-1-1

图2-1-2

图2-1-3

5.法国巴黎建筑细部——柱式之五

这是法国巴黎市政厅，文艺复兴风格的建筑，科林斯柱身上下1/3部分并没有开凿凹槽，形式新颖。柱头上矗立着法国历代名人的雕像，据统计共有136尊，与柱子形成了竖向的构图（见图2-1-5）。

6.法国巴黎建筑细部——柱式之六

这是法国巴黎亚历山大三世桥，南北两端的桥墩上竖立着4座高17米高的桥头堡，塔顶有象征着科学、艺术、工业与商业的四组金色骏马雕塑，四角分布着四棵3/4爱奥尼克组合式柱子，具有很好的装饰效果，宏伟挺拔（见图2-1-6）。

图2-1-4

图2-1-6

图2-1-5

图2-1-7

图2-1-8

图2-1-9

图2-1-10

7.法国巴黎建筑细部——柱式之七

这是法国巴黎圣母院局部，为欧洲早期哥特式建筑和雕刻艺术的代表，其特点是高耸挺拔，辉煌壮丽。教堂的立面采用一排束柱支撑连续的尖拱，显得精细而空透（见图2-1-7）。

8.法国巴黎建筑细部——柱式之八

柱子宽窄间隔排列，形成了不同跨度的拱券组合。柱子体量不大，做了卷杀，绿色的柱身还饰以图案，异常醒目突出（见图2-1-8）。

9.法国巴黎建筑细部——柱式之九

平面呈三角形的哥特式景观亭，三根束柱为一组，外侧一根粗壮，内侧两根纤细，共同承托着上面的双圆心拱券（见图2-1-9）。

10.法国巴黎建筑细部柱——柱式之十

这是法国巴黎凡尔赛宫局部，立面采用标准的古典主义三段式处理，造型轮廓整齐、庄重雄伟，被称为是理性美的代表。双柱、带凹槽的科林斯柱式与拱券的结合诠释着古典主义风格的建筑特征（见图2-1-10）。

11.法国巴黎建筑细部——柱式之十一

这是法国巴黎卡尔赛凯旋门，为纪念拿破仑所获得的一系列战争的胜利而建。科林斯的柱头，柱础为绿色石材，而柱身采用红色条纹石材，色彩艳丽，引人注目（见图2-1-11）。

图2-1-11

图2-1-12

图2-1-13

12.法国巴黎建筑细部——柱式之十二

从下而上依次为带有壁龛装饰的矩形墩柱、石材雕花的抹角墩柱、三根爱奥尼克柱组合而成的墩柱和矗立雕像的圆形墩柱，整个浑然一体，构图严谨（见图2-1-12）。

13.法国巴黎建筑细部——柱式之十三

这是法国巴黎歌剧院局部，是折衷主义建筑的代表，也是法兰西第二帝国的重要纪念物。这座精美的建筑立面仿意大利晚期巴洛克建筑风格，将古希腊柱式进行多种组合，并掺入了烦琐的雕饰，整体雄伟庄严、豪华壮丽（见图2-1-13、图2-1-14）。

14.法国巴黎建筑细部——柱式之十四

巨柱的柱身上带有圆形的箍，形式比较特别，同时与墙身砖的砌筑形成水平方向的联系，构成了一个较为有机的整体（见图2-1-15）。

15.法国巴黎建筑细部柱——柱式之十五

这是法国巴黎卢浮宫的局部，矩形壁柱上的科林斯组合柱头及半圆拱窗洞，都展现了法国文艺复兴时期的建筑风格特征（见图2-1-16）。

图2-1-14

图2-1-15

16.西班牙巴塞罗那建筑细部——柱式之一

柱子很纤细，柱头装饰成花瓣的形状，单柱、双柱间隔组合排列，造型奇特，形式变化丰富（见图2-1-17）。

17.西班牙巴塞罗那建筑细部——柱式之二

柱身呈束状，有些与窗框的装饰线脚融为一体，柱子的束腰和柱子顶端都装饰有石刻的花瓣，非常精美（见图2-1-18）。

图2-1-17

图2-1-16

图2-1-18

18.比利时布鲁塞尔建筑细部——柱式之一

这是巴洛克柱式的典型特征，科林斯柱式的柱身被扭曲变形，有雕刻精美的石材攀爬花卉缠绕其上（见图2-1-19）。

图2-1-19

图2-1-20

19.西班牙巴塞罗那建筑细部——柱式之三

柱身矮小，三个一组，柱头的植物花卉各不相同，中间的柱子支撑着上面的人物雕像，两侧的柱子则支撑着拱券（见图2-1-20）。

20.西班牙巴塞罗那建筑细部——柱式之四

柱身的彩色理石上镶嵌有艳丽的抽象图案，且每根柱子装饰图案各不相同。柱头是西班牙典型的花柱头，非常具有装饰性、艺术性和独特性（见图2-1-21）。

图2-1-21

图2-1-22

图2-1-23

图2-1-24

图2-1-25

21.比利时布鲁塞尔建筑细部柱——柱式之二

这个立面样式是在巴洛克式加入意大利的古典元素，称为歌罗西式建筑。错落布置的高大方柱支撑这上面的檐部，低矮的圆形爱奥尼克柱支撑着半圆形拱券。柱头与柱础均饰以金粉，显得富丽高贵，与古朴的石材形成鲜明对比（见图2-1-22）。

22.比利时布鲁塞尔建筑细部柱——柱式之三

这是比利时布鲁塞尔大广场上的"国王之家"局部。典型歌特风格的建筑，一层为单柱，到了二层则变为束柱，支撑着火焰形的拱券（见图2-1-23）。

23.比利时布鲁塞尔建筑细部柱——柱式之四

这是比利时布鲁塞尔大广场上的布拉邦特公爵馆局部，方柱的柱身有凹槽，阴角线与科林斯柱头都饰以金粉，高贵典雅、富丽豪华（见图2-1-24）。

24.丹麦哥本哈根建筑细部——柱式

这个建筑的入口十分醒目，为典型的古希腊门廊建筑风格，采用不多见的多立克柱式，不设柱础，柱头为托盘状，体现了粗犷雄伟的气魄（见图2-1-25）。

25.瑞典斯德哥尔摩建筑细部柱——柱式之一

这是瑞典斯德哥尔摩歌剧院入口柱廊局部，柱身矮小却装饰精美，柱子的下部分有围绕一周的深浮雕，下端还雕刻了一圈花饰；柱头则具有北欧古典柱式的独到特征（见图2-1-26）。

图2-1-26

图2-1-27

图2-1-29

26.瑞典斯德哥尔摩建筑细部——柱式之二

建筑的山墙用古希腊柱廊加以装饰，四根多立克柱子下粗上细，粗犷挺拔，中间的间距较大，让出了入口部分（见图2-1-27）。

27.匈牙利布达佩斯建筑细部——柱式之一

柱身由一个个石材圆环堆叠而成，非常粗犷。相比较柱头装饰细致，且采用浅色材质，保证了轻盈的感觉（见图2-1-28）。

图2-1-28

28.瑞典斯德哥尔摩建筑细部——柱式之三

为打破红砖砌筑的建筑支撑柱的厚重感，柱身上设置了壁龛，每个壁龛各设一座雕像。壁灯在壁龛下部，通过红砖砌筑形式的巧妙设计得以突出，而且具有很好的视觉效果（见图2-1-29）。

图2-1-30

图2-1-31

29.瑞典斯德哥尔摩建筑细部——柱式之四

位于建筑拐角部分的柱子，粗壮敦实，力量感十足，柱头部分的柱箍仿佛缠绕的树枝，很有立体感。柱子上方还矗立着宗教题材的雕塑，加强了建筑文化内涵（见图2-1-30）。

30.瑞典斯德哥尔摩建筑细部——柱式之五

雕像台座的装饰柱以双柱头组合的形式出现，每组柱子的柱础、柱身、柱头装饰完全不同，但又很协调地排列在一起，非常有特色（见图2-1-31）。

31.匈牙利布达佩斯建筑细部——柱式之二

这是匈牙利布达佩斯老皇宫铁艺围栏的局部，为典型的新巴洛克风格，双柱通过铸铁件与围栏连为一体，柱头支撑着石匣与浪花造型的石刻（见图2-1-32）。

32.匈牙利布达佩斯建筑细部——柱式之三

这是典型的古希腊建筑门廊，成为建筑立面的主要构图。镀金的科林斯柱头与丝毫不加装饰的柱身形成了鲜明对比（见图2-1-33）。

图2-1-32

图2-1-33

图2-1-34

33.奥地利维也纳建筑细部——柱式之一

大门两侧是两尊半身人像柱，雕像上半身肌肉结实，背负双手，头顶着上部的檐口，下半身为抽象的鱼尾造型（见图2-1-34）。

图2-1-36

图2-1-35

34.奥地利维也纳建筑细部——柱式之二

柱身下1/3部分刻有凹槽，上2/3部分没有，形成了装饰上的变化。柱头上面有圆麦穗环、鹰隼等雕刻装饰，造型典雅（见图2-1-35）。

35.意大利威尼斯建筑细部——柱式之一

这是意大利威尼斯市中心的圣马可广场上的圣马可大教堂局部，一层有单柱、组合柱，上面一层多为四柱组合，承托着拱券（见图2-1-36）。

36.意大利威尼斯建筑细部——柱式之二

这是意大利威尼斯总督府建筑外檐局部，为哥特式建筑风格。每根柱子的柱头各不相同，装饰精美，支撑着轻盈精巧的弓形镂花拱顶，形成了该建筑最大的亮点（见图2-1-37）。

图2-1-37

图2-1-38

图2-1-39

37.意大利威尼斯建筑细部——柱式之三

圣马可大教堂是东方拜占庭艺术、古罗马艺术、中世纪哥特艺术和文艺复兴艺术等艺术式样的结合体，这是其外檐柱子细部，每根柱子的柱头、柱身材质各式各样，却结合得巧妙、协调（见图2-1-38）。

38.意大利比萨建筑细部——柱式之一

这是意大利比萨城洗礼堂局部，属于欧洲中世纪罗马风风格。沿着圆形建筑的周边，圆柱支撑着连续的半圆拱，使建筑墙身形成了很好的虚实变化（见图2-1-39）。

39.意大利比萨建筑细部——柱式之二

这是意大利著名的比萨斜塔局部，一层为科林斯壁柱，二层为更加纤细的科林斯廊柱，构造关系清晰、严谨（见图2-1-40）。

40.德国慕尼黑建筑细部——柱式之一

最外侧为正多边形截面的，与建筑等高的巨柱；往里是较低矮的圆柱，上面竖立着黄铜雕像；最内侧为高大的方形壁柱，上方矗立着女人雕像，层次丰富，错落有致（见图2-1-41）。

图2-1-41

图2-1-40

图2-1-42

图2-1-43

图2-1-44

图2-1-45

图2-1-46

41.德国慕尼黑建筑细部——柱式之二

这座建筑分为三段，中间外侧为方形壁柱，其上层为方尖碑，直指天空；中间内侧为圆形壁柱，其上层为站姿人物雕像。整体形式新颖，装饰繁复（见图2-1-42）。

42.德国斯图加特建筑细部——柱式之一

方形的科林斯高大壁柱对建筑立面进行划分，柱间下层为一扇拱窗，上层为由圆柱分隔而成的两个矩形窗，逻辑清晰（见图2-1-43）。

43.德国斯图加特建筑细部——柱式之二

一层为多立克双圆柱的组合柱式形成的门廊，二层为爱奥尼克式双柱组合的方形壁柱，三层为科林斯式双柱组合的方形壁柱，形成了建筑水平方向的划分（见图2-1-44）。

44.德国斯图加特建筑细部——柱式之三

爱奥尼克巨型壁柱统领着建筑立面，窗框与柱身形成了镶嵌的效果。柱子上面的檐口放大，竖立着不同姿态的人物雕像（见图2-1-45）。

45.德国萨尔布吕肯建筑细部——柱式

这是建筑转角部分的圆形壁柱，柱头还有一个人头雕刻装饰，形象较为怪诞，让人感到别具一格的另类（见图2-1-46）。

图2-1-47

图2-1-48

图2-1-49

图2-1-50

46.德国特里尔建筑细部——柱式

黑灰色的柱子形式独特，简洁而又不乏装饰，与周边的雕饰相比更让人感觉清新明快，记忆深刻（见图2-1-47）。

47.德国德累斯顿建筑细部——柱式之一

这是典型的欧洲巴洛克式建筑，柱头雕刻异常繁复，极尽装饰之能事，令人不得不惊叹高超的雕刻技艺（见图2-1-48）。

48.德国德累斯顿建筑细部——柱式之二

建筑入口大门两侧的方形柱一高一矮形成变化；柱身上部的柱箍显得很结实；柱身边角上有抹角，使得整体感觉很精致（见图2-1-49）。

49.德国柏林建筑细部——柱式

这是德国柏林大教堂柱廊局部，属于文艺复兴建筑风格。多根方形、圆形科林斯柱子组合在一起，承托着上面厚重的檐部，显示出无比的力量（见图2-1-50）。

第二节　建筑门、窗

一、门

　　有建筑就有了门，从功能上来说它能分隔空间、抵御外界的侵入，而其装饰性也不容置疑。建筑设计比较"讲究门面"，作为出入内外空间的第一视觉印象，门无疑是建筑的脸面。对于古典建筑，门往往能反映建筑的规格、主人的身份、等级。门作为建筑的装饰细部，其风格与建筑本身匹配，从中能找到古希腊、古罗马、哥特、拜占庭、文艺复兴、古典主义、现代主义等风格的符号和身影。古希腊门头均为方形，门口向上缩小。古罗马门头为半圆式或楣式，由于墙体巨大而厚实，墙面用连列的小券，门洞口则用多层同心小圆券，以减轻沉重感。哥特式大门由层层后退的尖券组成透视门，券面布满雕像。文艺复兴的门多数是券拱和山花柱式内外嵌套，门扇的形状一般是长方形的，多数为双扇门。门的外形一般是和窗相呼应的，上面是圆弧形，下面是门板，圆弧形下面多为两个小圆和一些花纹，围合成花草的形状。巴洛克门窗上半部多做成圆弧形，并用带有花纹的石膏线勾边。巴洛克正门上面有分层的檐部和山花做成重叠的弧形和三角形，大门两侧用倚柱和扁壁柱。

图2-2-1　　　　　　　　　　　图2-2-2

图2-2-3　　　　　　　　　　　图2-2-4

1. 法国巴黎建筑细部——门之一

　　这是很有装饰性的门，门口套不落地，向内凹成弧形，有锯齿状的装饰。口套上方的门顶石与墙面石材加以细微的色彩区分，加大了门套的尺度感（见图2-2-1）。

2. 法国巴黎建筑细部——门之二

　　这是古典主义风格的大门，门套外围用与墙面相同的拉缝形式加以装饰，内侧是直线形的角线口套，体现出一种阳刚之美（见图2-2-2）。

3. 法国巴黎建筑细部——门之三

　　这是文艺复兴风格的大门洞，门洞呈墩墙式，配以古希腊式的三角形山花，风格统一而庄重。口套上方绦穗状的石质雕刻与木门上的雕刻相呼应，颇有画龙点睛的效果（见图2-2-3）。

4. 法国巴黎建筑细部——门之四

　　这个门是双层口套，外侧是文艺复兴墩墙式券洞门，内侧线脚丰富，做得非常精细，与浑重的墩墙形成对比（见图2-2-4）。

图2-2-5 图2-2-6

5.法国巴黎建筑细部——门之五

这是一扇新古典主义风格的大门，门、窗、壁灯、雨棚浑然一体。白色的建筑涂料与黑色的铁艺搭配在一起，让人觉得简洁而清新（见图2-2-5）。

6.法国巴黎建筑细部——门之六

这是文艺复兴晚期手法主义的大门，也就是巴洛克的初始风格。檐部、门口套上部都布满精细的雕刻，曲线形的山花中间是时钟，两侧倚靠着人物雕像，最上方还有一个古希腊神话中每根头发都是毒蛇的女妖美杜莎头部雕像（见图2-2-6）。

图2-2-7

图2-2-8

7.法国巴黎建筑细部——门之七

这是罗马风格的拱券门，连续的、中心突出的半圆拱门洞与上部的半圆拱窗子风格统一，并且增强了入口的宏伟气势（见图2-2-7）。

8.法国巴黎建筑细部——门之八

意大利文艺复兴风格的凯旋门形式的纪念建筑，一大两小中心对称的半圆形拱券用厚重的墩墙砌筑而成，庄严肃穆，敬仰之情油然而生（见图2-2-8）。

图2-2-9

图2-2-10

图2-2-11

9.法国巴黎建筑细部——门之九

这是早期巴洛克风格的大门，采用壁柱与半圆形拱券的结构形式，拱顶上方的檐部已经出现弧线，阳台的铁艺护栏是后加的，显得轻巧精细（见图2-2-9）。

10.法国巴黎建筑细部——门之十

这是一个后现代主义的门，由于人们厌倦了现代主义的简洁、毫无生气、缺乏人性味道，人们开始用古朴的、具有世俗装饰的风格来表现自我（见图2-2-10）。

11.法国巴黎建筑细部——门之十一

这是现代主义风格的门洞，形式简洁大气，铁艺门采用和红砖墙面协调的色彩，方形的格子里充满了由弧线构成的图案，在线形统一基础上形成了变化（见图2-2-11）。

12.法国巴黎建筑细部——门之十二

这是古典主义装饰风格的大门，是在简化的古典主义建筑上，附着十分典雅的装饰细部，装饰题材大多选材于植物枝叶和卷草纹样，制作精细，耐人寻味（见图2-2-12）。

13.法国巴黎建筑细部——门之十三

摩登式缺少正统历史风格的核心，而是改变原来的功能、大小和尺度，把孤立的细部演变为"新"的或模仿性的象征。两侧的壁柱悬在半空，混淆了构造的承重逻辑，下面的雕刻也出现在不适宜的位置，设计独特，以新奇的形式让人记忆深刻（见图2-2-13）。

14.法国巴黎建筑细部——门之十四

这个罗马风格的大门用于砌筑拱门的砖凹凸很大，给人以粗犷的感觉，然而拱门顶部两侧的雕刻却极其精致，形成了鲜明的对比（见图2-2-14）。

图2-2-12

图2-2-13

15.法国巴黎建筑细部——门之十五

这是典型的文艺复兴风格的大门，设计得很精致，打造出了造型丰富、雕刻装饰精美的效果（见图2-2-15）。

16.法国巴黎建筑细部——门之十六

这是一个摩登主义的大门，抛弃了古典式折衷的设计手法，代之以简洁、自由、富有体积感与雕塑感的摩登设计手法，新颖大方（见图2-2-16）。

图2-2-15

图2-2-14

图2-2-16

图2-2-17

17.法国巴黎建筑细部——门之十七

这是一个文艺复兴风格的大门，充满了弧线与弧形，造型十分精致、庄重，体现出了文艺复兴式的建筑之美（见图2-2-17）。

18.法国巴黎建筑细部——门之十八

这是新古典主义风格的大门，对传统进行了改良简化，门窗式样不拘一格，活泼有致，但仍保留了古典主义作品典雅端庄的高贵气质（见图2-2-18）。

19.法国巴黎建筑细部——门之十九

断开的拱形山花使窗户的宝瓶护栏显露出来，使得很严谨的立面透出一丝活跃（见图2-2-19）。

图2-2-18 图2-2-19

图2-2-20

图2-2-21

20.法国巴黎建筑细部——门之二十

这是折衷主义风格的大门，模仿历史上各种建筑风格符号，进行各种自由组合，不讲求固定的法式，只讲求比例均衡，注重纯形式美（见图2-2-20）。

21.法国巴黎建筑细部——门之二十一

这是新古典主义风格的大门，其不是仿古、复古，而是推崇神似，进而重新诠释传统文化的精神内涵，具有端庄、雅致、明显的特征（见图2-2-21）。

22.法国巴黎建筑细部——门之二十二

这是典型的新古典主义风格的大门，用简化的手法探求传统的内涵，注重装饰效果，以增强历史文化底蕴（见图2-2-22）。

23.法国巴黎建筑细部——门之二十三

这是新古典主义风格的大门，造型简洁轻快，雕刻精美。与巴洛克风格的深度雕刻不同，新古典主义在雕刻艺术上采用浅浮雕的图式来表现（见图2-2-23）。

图2-2-22

图2-2-23

图2-2-24

图2-2-25

24.法国巴黎建筑细部——门之二十四

简洁的门窗口套、淡绿色的门与窗上下连为一体，非常挺拔，与红砖墙身形成的水平线条构成了形态及色彩的对比（见图2-2-24）。

25.法国巴黎建筑细部——门之二十五

这是一个文艺复兴晚期手法主义的大门，位于一段弧形墙面上，柱子和墙面都沿袭了文艺复兴墩墙式的做法，圆柱也用墩子一段段分开，形成较为强烈的体积对比效果（见图2-2-25）。

26.法国巴黎建筑细部——门之二十六

这是一个折衷主义手法的大门，方形和圆形的古希腊柱子，半圆形的罗马拱门、文艺复兴墙面，断折的巴洛克檐部和山花同时存在，出现了希腊、罗马、中世纪、文艺复兴、巴洛克等多种风格纷然杂陈的局面（见图2-2-26）。

27.法国巴黎建筑细部——门之二十七

这是20世纪初期摩登主义建筑的入口大门，采用层层递进、逐渐收缩的形式，具有无限的吸引力和极强的引导作用（见图2-2-27）。

图2-2-26

图2-2-27

图2-2-28　　图2-2-29

28.法国巴黎建筑细部——门之二十八

门套简洁，没有过多繁复的线形，两侧的墩柱上放置着两尊少女头像，门顶石两侧有雕刻入微的葡萄，栩栩如生（见图2-2-28）。

29.法国巴黎建筑细部——门之二十九——门之二十三

简单、刚直的门口与内侧装饰性极强、雕刻精美的葡萄花、果实形成了鲜明的对比，繁简相衬，形象非常突出（见图2-2-29）。

30.法国巴黎建筑细部——门之三十

门口套内侧的雕刻模拟帘幕的绦穗，端庄秀丽，门洞上方的巴洛克式徽章尺度有些夸张，影响了整体的观感（见图2-2-30）。

31.法国巴黎建筑细部——门之三十一

新古典主义风格的入口大门，体量巨大，形式简洁。一层是高大的大门，二层是连体的窗，三层还有单独的窗扇，越往上划分越细，具有古典建筑的意蕴（见图2-2-31）。

32.法国戛纳建筑细部——门

这是一扇巴洛克风格的大门，特点就是改变古典主义的严肃、拘谨和偏重于理性的形式。双层断折的三角形山花，体量小巧的壁龛，加之两侧的花瓶营造出亲切、柔性的效果（见图2-2-32）。

图2-2-30

图2-2-31

图2-2-32

图2-2-33

33.法国里尔建筑细部——门

这是一个文艺复兴风格的大门，两侧是墩墙，中间是半圆形拱门，拱顶上的双层檐部增大了高度尺寸，也增强了整体的体量与气势（见图2-2-33）。

34.法国尼斯建筑细部——门之一

这个大门由红砖与块石堆砌而成，柱头放置着装满果实的花篮石刻，充满浓郁的乡野气息（见图2-2-34）。

图2-2-34

图2-2-35

35.法国尼斯建筑细部——门之二

这个建筑中间的门与两侧的窗形构成了稳定的构图，没有繁复的多余雕饰，线条简洁的黑色金属与半透明玻璃做成的雨棚非常美观，成为一大亮点（见图2-2-35）。

图2-2-36　　　图2-2-37

36.丹麦哥本哈根建筑细部——门之一

这是丹麦哥本哈根阿玛琳堡皇宫入口，是丹麦皇室家族居住的地方，其造型透露着北欧古典主义的沉稳、典雅（见图2-2-36）。

37.瑞典斯德哥尔摩建筑细部——门之一

这是意大利文艺复兴后期风格的大门，采用白色的石材建造而成，在红色墙面的映衬下分外醒目。无论是门套还是木门上都布满了各式各样的圆雕、浮雕装饰，让人目不暇接（见图2-2-37）。

38.瑞典斯德哥尔摩建筑细部门——门之二

这是北欧独有的建筑大门形式，柱式本身很简洁，上面设置了一男一女的人头雕像，山花雕刻以浪花为主题，体现了这座滨海城市的特色（见图2-2-38）。

39.瑞典斯德哥尔摩建筑细部——门之三

这是一扇新古典主义风格的大门，注重"形散神聚"的装饰效果，用现代的简洁手法还原古典气质，使其具有古典与现代的双重审美效果（见图2-2-39）。

图2-2-38　　　图2-2-39

图2-2-40   图2-2-41

40.芬兰赫尔辛基建筑细部——门之一

门口套造型简洁，没有任何线脚装饰，给人感觉非常硬朗。浅浮雕是其唯一的装饰，主题为两条缠绕在一起的蛇（见图2-2-40）。

41.芬兰赫尔辛基建筑细部——门之二

这是砖墩式的半圆拱门，上方的雕刻山花带有文艺复兴时期的特点。美中不足之处是门口用了4种不同颜色的石材，加之木质的门，用材有些过于繁复（见图2-2-41）。

42.挪威奥斯陆建筑细部——门

这是挪威奥斯陆著名的生命主题公园入口的大门，为现代主义风格，一大两小的集中式构图突出了入口的气势，铸铁支撑的灯具轻盈而又独具特色（见图2-2-42）。

43.丹麦哥本哈根建筑细部——门之二

这是丹麦哥本哈根卡隆堡宫（亦称哈姆雷特城堡）入口大门，为巴洛克风格，与正常尺度的壁柱、圆拱门洞相比，比例硕大的山花非常有特点，两层都雕刻了王冠，彰显了其尊贵的地位，也被称为"皇冠之宫"（见图2-2-43）。

图2-2-42

44.捷克布拉格建筑细部——门之一

这是捷克布拉格圣维塔大教堂入口大门，为哥特式风格，青铜大门上布满了以宗教故事为主题的浮雕，不仅起到了装饰作用，还传达着教义（见图2-2-44）。

45.捷克布拉格建筑细部——门之二

褐色的木门与灰色的门套及淡褐色的门头装饰，色彩搭配协调。两个小天使抱着盾牌、王冠，仿佛要赐权贵于人间（见图2-2-45）。

图2-2-43

图2-2-44

46.捷克布拉格建筑细部——门之三

文艺复兴风格的大门上四个大力士奋力支撑上面的重量，神态逼真，所有部位都被雕刻覆盖，弧线与直线相映生辉（见图2-2-46）。

47.捷克布拉格建筑细部——门之四

这是典型的巴洛克风格的大门，圆柱、方柱逐渐向外突出，整体呈弧线形，檐部线脚在平面、立面上蜿蜒转折。这里没有古典主义造型艺术上的刚劲、挺拔和肃穆，反而追求宏伟、生动与奔放的艺术效果（见图2-2-47）。

图2-2-45

图2-2-46

图2-2-47　　图2-2-48

48.斯洛伐克布加迪斯拉发建筑细部——门之一

淡黄色的外墙涂料与洁白的石膏花线相融合，以精细华丽的雕刻为主，偏于烦琐，使得整体风格非常柔媚、纤巧（见图2-2-48）。

49.斯洛伐克布加迪斯拉发建筑细部——门之二

这个红铜的大门上布满了圆钉，抽象的头像浮雕和黄铜的防护栏使得整体感觉粗犷结实，还带有一丝神秘（见图2-2-49）。

50.斯洛伐克布加迪斯拉发建筑细部——门之三

这是巴洛克风格的大门，旋转45度的方柱增加了立体感，波动流转的檐口线打破了理性的和谐，充满动态的感觉（见图2-2-50）。

图2-2-49

图2-2-50

图2-2-51

图2-2-52

51.匈牙利布达佩斯建筑细部——门之一

这是典型的巴洛克风格的大门，方形的爱奥尼克壁柱体量缩小，退化为纯粹的装饰，墙墩式的半圆拱支撑着上部精美山花（见图2-2-51）。

52.匈牙利布达佩斯建筑细部——门之二

方形的科林斯柱式，半圆形的拱券以及上部的檐子，都是典型的古罗马风格，周身布满浅雕刻，并以较艳丽的色彩打底，具有华丽的装饰效果（见图2-2-52）。

53.奥地利维也纳建筑细部——门之一

这是新艺术运动风格的大门，摆脱了古典传统形式，创造出了适应工业化时代的凝练手法和简化装饰。柱身是简单的几何形体，柱头饰以金属花环，檐口部位与众不同，用铁艺做成花卉形状（见图2-2-53）。

图2-2-54

图2-2-53

图2-2-55 图2-2-56

54.奥地利维也纳建筑细部——门之二

这是文艺复兴风格的大门，圆形的壁柱与门套刻有凹槽，圆拱两侧与檐口的三陇板间隙都有神话故事情节的雕像（见图2-2-54）。

55.奥地利维也纳建筑细部——门之三

这是新古典主义风格的大门，山花、门口套经过了提炼，比例工整严谨，格调庄重精美（见图2-2-55）。

56.奥地利维也纳建筑细部——门之四

这个巴洛克风格的大门采用与白色对比强烈的深色石材，非常醒目。圆形柱、方形柱构成双柱组合，支撑着檐部和三角形山花。鼓座上分布着为数众多的圣母、天使等的黑色铜雕，他们手中的皇冠、船锚、圣经、酒杯、开启天堂之门的钥匙都饰以金色，富丽堂皇（见图2-2-56）。

57.奥地利维也纳建筑细部——门之五

这是奥地利维也纳著名的圣史蒂芬大教堂入口大门，建筑风格呈奇特的混合式，尖塔是哥特式，圣坛是巴洛克式，朝西的正门是罗马风格（见图2-2-57）。

图2-2-57

图2-2-58

图2-2-59

58.奥地利萨尔斯堡建筑细部——门

这是手法主义风格的大门，具有很强的图案化传统，达到了一种怪异和不寻常的效果，甚至有"矫揉造作"之感（见图2-2-58）。

59.瑞士卢塞恩建筑细部——门之一

这各现代主义的商店入口大门为金属玻璃结构，两侧各有两块圆形表盘，设计各异，成为瑞士这个手表之都鲜活的招牌（见图2-2-59）。

60.瑞士卢塞恩建筑细部——门之二

这个巴洛克风格的大门为扁椭圆的拱券，门上方蚌壳状的雕刻装饰与门扇上的人像装饰柱特点都很鲜明（见图2-2-60）。

61.瑞士苏黎世建筑细部——门

这是罗马风格的建筑大门，门两侧是嵌在墙面的内侧纤细的壁柱，延伸到呈拱形的装饰线，门上方的圆窗以及连续的圆拱装饰，特色鲜明（见图2-2-61）。

62.意大利比萨建筑细部——门之一

这是意大利比萨大教堂的大门，大教堂正立面高约32米，底层入口处有三扇大铜门，上有展现圣母和耶稣生平事迹的各种雕像。雕像非常精美，是意大利罗马风格雕塑的代表作（见图2-2-62）。

图2-2-60

图2-2-61

图2-2-62

图2-2-63

63.意大利比萨建筑细部——门之二

这是意大利比萨洗礼堂入口大门，为罗马式和哥特式混合风格，是该建筑四座雕刻精致的大门之一。门洞的半圆拱从左右各三根组合柱子上端发券，柱身、拱顶以及门楣都布满了浅浮雕，门楣上还矗立着圣母雕像（见图2-2-63）。

64.意大利比萨建筑细部——门之三

这是意大利比萨斜塔入口大门，左右各三根圆形壁柱叠在半露方柱之前，承托着上层的半圆拱券，用黑白两色理石形成的长菱形花格加以装饰。下层较小的圆拱雕刻精美，色彩艳丽（见图2-2-64）。

65.意大利罗马建筑细部——门之一

这是文艺复兴晚期风格的大门，圆形壁柱的柱身下部用墩子增强其稳定感，造型粗犷，给人以稳重结实的感觉（见图2-2-65）。

图2-2-64

图2-2-65

图2-2-66　　　　　　　　　　　　　　　　图2-2-67　图2-2-68

66.意大利佛罗伦萨建筑细部——门之一

这是有着意大利文艺复兴时期建筑的瑰宝之称的佛罗伦萨大教堂（亦称圣母百花大教堂）的大门，教堂正面有三扇青铜大门，每扇都刻有数十块青铜浮雕，气势磅礴，这是正中间的一扇（见图2-2-66）。

67意大利佛罗伦萨建筑细部——门之二

这是圣母百花教堂边上的八角形洗礼堂大门，门上雕有著名的"天堂之门"，将旧约全书的故事情节分成十个画面描绘出来，从左到右、从上到下依次是：亚当和夏娃被逐出伊甸园；该隐杀害他的兄弟亚伯；诺亚醉酒和献祭；亚伯拉罕和以撒献祭；以扫和雅各；约瑟被卖为奴；摩西接受十戒；耶利哥的失败；菲利士人的战争；所罗门和示巴女王。浮雕镶嵌在铜门的框格内，精美庄严（见图2-2-67）。

68.德国吕贝克建筑细部——门之一

截面宽大呈弓形的青铜门口套，非常引人注目，上面的雕刻减轻了大体量的沉重感（见图2-2-68）。

69.意大利罗马建筑细部——门之二

这是文艺复兴晚期风格的大门，分为上下两部分。下部中间是向外突出的墩墙式的拱门和圆柱，两侧配以壁龛和方形壁柱；上部是人像柱支撑的断折式的拱形山花（见图2-2-69）。

70.意大利佛罗伦萨建筑细部——门之三

这扇门位于建筑拐角处，扭曲纤细的柱子支撑着上面外挑的双圆心拱券，最上边还覆盖着用以保护墙身的木质雨棚（见图2-2-70）。

图2-2-69　　　　图2-2-70

图2-2-71

图2-2-72

71.荷兰阿姆斯特丹建筑细部——门

以蓝灰色为底的荷兰传统风格的门上布满了金色、白色的装饰构件，与上部的老虎窗连贯起来，更显得高耸纤细（见图2-2-71）。

72.德国卡塞尔建筑细部——门

这是新古典主义风格的大门，高大的柱墩上矗立着巨大的组合双柱，顶部还有人物组合雕像。中间的圆拱门以及椭圆形窗洞其口套采用浅刻形式，显得高贵雅致（见图2-2-72）。

图2-2-73

73.德国吕贝克建筑细部——门之二

在红砖墙面的映衬之下，浅灰色的入口大门显得格外突出。门体上布满了各种无逻辑甚至古怪的装饰雕刻（见图2-2-73）。

74.德国罗斯托克建筑细部——门

欧洲的红砖建筑由古罗马人发明，多采用色泽红艳和暗黑色的黏土砖砌筑柱、拱、烟囱、地面及基础等。门套红黑相间，充分利用有限的材料，获得了很好的装饰效果（见图2-2-74）。

图2-2-74

75.德国慕尼黑建筑细部——门

这是典型的巴洛克风格的大门，门洞采用墩墙式结构，两侧各矗立着一尊人物雕像，单肩承托着上方变化丰富的阳台，雕像刻画入微，很有力量感，而又感觉举重若轻。铁艺上布满了模仿植物枝茎、花卉的装饰（见图2-2-75）。

图2-2-76

图2-2-75

76.德国特里尔建筑细部——门之一

这是巴洛克风格的大门，气势宏伟、庄重威严。分为上下两部分，下部为向内凹陷的墙墩式拱门，两侧为柱式和壁龛；上部中间为涡轮状山花，内部还细分了各种拱形、三角形、断折的山花，装饰极其繁复（见图2-2-76）。

77.德国特里尔建筑细部——门之二

这扇门的门口套线脚简洁，木质的门装饰丰富，吸收了很多建筑符号，尤其中间的铁艺、玻璃部分，就是一个缩小版的罗马式拱门（见图2-2-77）。

图2-2-77

图2-2-78

78.德国萨尔布吕肯建筑细部——门

这扇是手法主义风格的大门，柱身上的凹槽盘旋而上，略带弧线的拱和双圆形的券及叶片题材的浮雕相互间关系和谐，比例很是恰当（见图2-2-78）。

79.德国德累斯顿建筑细部——门之一

这是罗马风格的大门，采用墩墙式结构，砖块非常厚重，砖缝又宽又深，两侧蹲坐着威武的勇士，整体展现着阳刚之美（见图2-2-79）。

图2-2-79

图2-2-80

80.德国德累斯顿建筑细部——门之二

这是文艺复兴晚期风格的入口大门，柱身和拱门均采用墙墩式结构，檐口上方两侧矗立着雄壮的狮子雕塑，为形成呼应，檐部三陇板间隙也饰以小狮子头像（见图2-2-80）。

81.德国德累斯顿建筑细部——门之三

这是新古典主义风格的大门，门口套的线形均进行了简化，代之以植物题材的典雅浮雕。两侧的柱子上分别矗立着一尊神话传说人物雕像，增加了建筑的文化内涵（见图2-2-81）。

82.德国罗滕堡建筑细部——门

这是文艺复兴风格的大门，分为内外两层。外边一层采用墙墩式结构，上覆三角形山花；内部一层体量缩小，檐部上方饰以沃伦状山花，更显精细（见图2-2-82）。

图2-2-81

图2-2-82

图2-2-83

图2-2-84

83.德国乌尔姆建筑细部——门

这是欧洲中世纪哥特风格的大门，束柱与弓形肋骨券连为一体，拱顶站立着白色石材雕刻的圣母玛丽亚人像，绿色的木门在大面积砖墙的映衬下格外醒目（见图2-2-83）。

84.德国莱比锡建筑细部——门之一

这是现代商场的入口大门，两侧是钢化玻璃建造的高大橱窗，明亮整洁（见图2-2-84）。

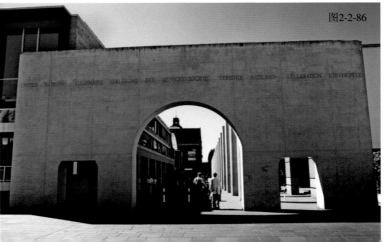

图2-2-85

85.德国莱比锡建筑细部——门之二

这是大型现代商业中心的入口，直线形的自动扶梯、弧线形的步行楼梯以及上方的连廊、挑台，各显其姿，构成了一个复合型的交错空间，吸引顾客进入其间（见图2-2-85）。

86.德国纽伦堡建筑细部——门

这是后现代主义风格的入口大门，白色墙体格外突出，两侧的矩形门洞衬托着中间的大体量圆拱门。从门洞中能看到远处的景色，起到了框景作用（见图2-2-86）。

87.德国海德堡建筑细部——门

豆绿的墙面格外醒目，门的形式为手法主义，柱身短小，饰以狮子头。柱头上是人物头像，头顶爱奥尼克柱头，幽默诙谐（见图2-2-87）。

图2-2-86

图2-2-87

图2-2-88

图2-2-89

88.德国不莱梅建筑细部——门

这是后现代主义风格的入口大门，柱子和门套线被墩子分成一段一段的，加强了光影效果。柱子上方是半身人像，檐口的上面安置了许多石刻部件，装饰效果突出（见图2-2-88）。

89.德国波恩建筑细部——门

这是现代主义风格的公共建筑入口，体量巨大，梁板跨度大，充分体现了现代材料、技术在现代建筑中的应用（见图2-2-89）。

90.德国杜塞尔多夫建筑细部——门

这是后现代主义风格的商场入口，中间是黄色金属柱子，用具有凹凸感的小块菱形加以装饰。门上方和两侧用有浅浮雕花纹装饰的棕色木板加以装点，很有特色（见图2-2-90）。

91.德国汉堡建筑细部——门之一

这是现代主义风格的大型商业建筑入口，大面积的玻璃墙面上突出一个橘红色圆弧，简洁明快，引人注目，起到了强化建筑出入口的作用（见图2-2-91）。

图2-2-91

图2-2-90

图2-2-92

图2-2-93

92.德国汉堡建筑细部——门之二

这是德国汉堡著名的大型购物商场——欧罗巴通道的入口大门，体量巨大，呈半椭圆的几何形体，以钢架玻璃为主要材料，非常晶莹剔透（见图2-2-92）。

93.德国汉堡建筑细部——门之三

这是手法主义风格的大门，方形墩柱越往上越细，颜色越浅，逻辑清晰。其拥有上下两层拱券，下边一层用暗红色加以区分，上面一层用刻画精细的浅浮雕进行重点装饰（见图2-2-93）。

图2-2-94

94.德国汉堡建筑细部——门之四

这是文艺复兴风格的入口，半圆拱部分除了线条外，还用青铜雕刻加以装点，与倚靠在拱券上的青铜人物雕像形成了材质上的呼应，装饰效果显著（见图2-2-94）。

95.德国汉堡建筑细部——门之五

这是手法主义风格的大门，外形颇具城堡大门的感觉。扁椭圆的拱门采用墙墩式结构，两端分别矗立着男女人体雕像，与上部的窗子连为一体，使其形象更加的突出（见图2-2-95）。

图2-2-95

图2-2-97

图2-2-96

二、窗

窗是建筑的眼睛，是建筑灵魂的生动体现，通过这双眼睛能透视当地的人文、气候以及建筑的艺术风格。欧洲建筑的窗发端于古罗马，最早是从古希腊建筑的龛口移植而来，从而开启了建筑装饰的一种语汇。古罗马窗头普通的是半圆式或弓形式，离地面较高，采光差，屋里光线昏暗，显示出神秘与超世的意境。哥特式的窗一种为双圆心骨架券细高，即所谓的"柳叶窗"，分为单扇、双扇、四扇；另一种为圆形的所谓"玫瑰花窗"。两者多镶嵌彩色玻璃，营造出光影迷离的宗教氛围。拜占庭建筑往往朴素简单，拱形的门窗狭小，外部毫无装饰。文艺复兴的窗在形制、大小以及窗与窗之间的距离上都很统一、对等，从而使建筑外立面显得整齐。巴洛克的窗上半部多做成圆弧形，并用带有花纹的石膏线勾边。工业革命以后，新材料的使用为建筑立面设计带来了崭新的变革，精美的铁艺窗给建筑细部装饰增加了新的魅力。

1.法国巴黎建筑细部——窗之一

二层用高大的科林斯柱式进行窗扇的分隔，三层用人物雕像进行分隔，形成水平方向的关系。纵向中轴对称，整体构图严谨，庄重典雅（见图2-2-96）。

图2-2-98

图2-2-99

2.法国巴黎建筑细部——窗之二

这是著名的法国巴黎圣母院局部，属哥特式建筑形式。整个建筑庄严和谐，辉煌壮丽，正中是一个直径10米的圆形玫瑰窗，精巧而华丽。左右各有两扇哥特式的柳叶花窗（见图2-2-97）。

3.法国巴黎建筑细部——窗之三

在红色的砖墙上，淡土黄色的窗口套配合白色的窗框子，且形状较为独特，给人灵活小巧、活泼可爱的感觉（见图2-2-98）。

4.法国巴黎建筑细部——窗之四

这是巴洛克风格的窗子，下层是扁椭圆的拱券，一个拱券对应二层的三个小窗。随处都是精美的雕刻，正面的头像、侧面的半身像，加上植物卷曲的枝茎、花瓣、叶子，形式多样（见图2-2-99）。

图2-2-100

图2-2-101

图2-2-102

5.法国巴黎建筑细部——窗之五

这个建筑外墙上的窗洞形式多种多样，有圆拱形的，有矩形带巴洛克山花的，有圆形的，有圆拱带三角形山花的，变化繁复。尤其是中间窗扇的铁艺线条，也成为重要的装饰细节（见图2-2-100）。

6.法国巴黎建筑细部——窗之六

这是用红砖建成的罗马风格的建筑立面，分成上下两部分。下半部分以巨柱拱券作为主要构图，下层的窗与上层的窗具有对应关系；上半部分以45度角的网格作为主要构图，开设三个圆窗以及多个小尺度的圆拱窗（见图2-2-101）。

7.瑞典斯德哥尔摩建筑细部——窗

这是古典主义风格的建筑立面，构图稳定，比例严谨。一层是由拱券形成的廊道，上面用女神像划分出三个圆形窗，均配以精美的花饰雕刻（见图2-2-102）。

8.西班牙巴塞罗那建筑细部——窗之一

窗子上部是多弧线的拱顶，配合半圆形的阳台，以植物枝茎、叶片、花卉、果实为主题的石雕、铁艺无处不在，弥散着一种浓郁的浪漫色彩（见图2-2-103）。

9.西班牙巴塞罗那建筑细部——窗之二

一层用壁柱对窗扇进行分隔，二层悬挑出来的拱券、柱廊掩映着后面的窗，三层的窗子下端用栏杆围护，上端呈拱形，层次变化极其丰富（见图2-2-104）。

图2-2-103

图2-2-104

图2-2-105

10.芬兰赫尔辛基建筑细部——窗之一

一层窗子体量较大，半圆形的拱内设置了姿态各异的雕塑。上层窗口较小，与下层构成了1：2的水平向关系（见图2-2-105）。

11.芬兰赫尔辛基建筑细部——窗之二

立面运用清晰的水平向构图形式，一层是墙墩式结构，粗犷稳重；二层圆拱上装饰三角山花，三层为直线形檐子。窗口采用白色石材，格外清晰（见图2-2-106）。

图2-2-106

12.斯洛伐克布加迪斯拉发建筑细部——窗

中间是一个有线脚的窗台，尤其是顶部旋涡状的山花。在周围简单的矩形窗子的衬托下，正中的这个窗子显得与众不同，格外重要（见图2-2-107）。

13.匈牙利布达佩斯建筑细部——窗

暖黄色石材形成了三个拱形窗，铁艺的窗框又将其细分为三个圆形、三个圆拱的窗扇，造型一致，风格统一（见图2-2-108）。

图2-2-107

图2-2-108

图2-2-109

图2-2-111

14.捷克布拉格建筑细部——窗

一层是入口大门和橱窗，二层是断折的三角形山花，三层是拱形山花，四层则为浅浮雕，水平关系明确。正中间的窗子在形式上与两侧的窗子加以区别，构图严谨（见图2-2-109）。

15.奥地利维也纳建筑细部——窗之一

这是巴洛克风格的建筑外墙立面，一层的窗子形式统一，二层开始中间的窗子与两侧的窗子加以区分，同时水平向每层窗子也不相同（见图2-2-110）。

16.奥地利维也纳建筑细部——窗之二

这是古典主义风格的建筑外檐，巨柱把立面分为三个部分，一层是柱上架圆拱的窗洞，二层为矩形窗子。淡蓝色的雕刻在周围暖黄的石材衬托下格外引人注目（见图2-2-111）。

17.奥地利维也纳建筑细部——窗之三

通过凸出、凹进的叠立造型，使得正中部分得以突出。每层的窗子形式都不同，形成了稳定的立面构图，彰显着古典主义的风范（见图2-2-112）。

图2-2-110

图2-2-112

图2-2-113

图2-2-115

图2-2-114

18.意大利威尼斯建筑细部——窗

白色理石窗套在砖墙的衬托下很突出，火焰式的拱券给人一种升腾的感觉（见图2-2-113）。

19.意大利比萨建筑细部——窗

下层为罗马式的窗子，半圆拱，墙体厚重；上层窗却有哥特式的影子（见图2-2-114）。

20.意大利佛罗伦萨建筑细部——窗

窗子的外部为墙墩式结构的拱券，内部用纤细的柱子和拱券将其一分为二（见图2-2-115）。

21.荷兰阿姆斯特丹建筑细部——窗

深色的砖墙配以白色的装饰和头像雕刻，对比明显，分外醒目（见图2-2-116）。

图2-2-116

第三节　阳台

阳台除了能满足二层以上居民获得室外空间的需求，更能丰富建筑立面造型，成为建筑外檐重要的装饰细部和建筑立面艺术设计的关键。它不仅能给内部增添一些阳光的通透，更能增强建筑的立体感、层次感。

在欧洲，阳台几乎都是敞开的，而且大多被鲜花装点得五颜六色，既美丽温馨，又充满生命活力。追求不同、勇于创新的欧洲人绝不放过任何标新立异的细部，阳台虽小，却能有诸多变化，无论是铁艺花饰、石材雕刻、水泥压花，还是水刷石、彩色玻璃等材料都发挥着装饰作用，极大地丰富了街道景致。

图2-3-1

图2-3-2

托脚是欧洲古典建筑重要的结构与装饰构件，是由建筑的牛腿构件演变而来的。通常应用在檐口、窗台、柱与梁的交界处，尤其是阳台的底部，起到结构托举的作用。

1.法国巴黎建筑细部——阳台之一

这是造型很奇特的阳台，白色的底板很醒目，黄铜色的托脚以动物头像为题材。铁艺护栏线条非常舒展，在琉璃瓦屋顶的掩盖下，有一种童话故事般的感受（见图2-3-1）。

2.法国巴黎建筑细部——阳台之二

这是巴洛克式的阳台，底板的檐角曲折变化，布满了精细的雕刻，凸出的窗扇、线形柔美的窗框都极具特点。一层采用石栏杆，显得稳重；二层采用铁艺护栏，以示轻巧（见图2-3-2）。

3.法国巴黎建筑细部——阳台之三

这是装饰得非常奇特的阳台，支撑阳台的黑色柱子像缠着植物茎叶的花瓶，暖黄色的托脚仿佛花盆承托着阳台底板，黑色石材护栏又像缠绕着的枝茎（见图2-3-3）。

图2-3-3

图2-3-4

图2-3-5

图2-3-6

4.法国巴黎建筑细部——阳台之四

这是具有浪漫主义色彩的阳台，一层通体阳台布满雕刻的托脚，稍微向外侧倾斜，更显力度；铁艺纤细柔美，充分体现了材料的延展性能。二层阳台的托板与一层的窗楣装饰完美结合，错落有致（见图2-3-4）。

图2-3-7

图2-3-8

5.法国巴黎建筑细部——阳台之五

一层是弧线造型的阳台，二层则为直线造型的阳台，一个柔美无限，一个力量感十足，两者形成鲜明的对比。（见图2-3-5）。

6.法国巴黎建筑细部——阳台之六

阳台的变化成为建筑立面变化的重要内容，石材宝瓶护栏以及二层装饰相对繁复的铁艺护栏，都加强了向心性（见图2-3-6）。

7.法国巴黎建筑细部——阳台之七

两侧的托脚以及圆拱门洞的拱顶石共同支撑阳台，铁艺护栏饰以金色，富丽堂皇（见图2-3-7）。

8.比利时布鲁塞尔建筑细部——阳台之一

这是位于比利时布鲁塞尔大广场著名的小天鹅酒店，阳台托脚、护栏局部都刷了金漆，高雅华丽（见图2-3-8）。

图2-3-10

图2-3-9

图2-3-11

9.比利时布鲁塞尔建筑细部——阳台之二

阳台的托脚变身为更具装饰效果的、端坐在柱头的人物坐像。阳台的底板上长满了青苔，显得古朴久远（见图2-3-9）。

10.比利时布鲁塞尔建筑细部——阳台之三

阳台的两边托脚之间安置了一面盾牌，正中是来自古罗马的野狼乳婴传说的石刻，护栏为不常见的方形宝瓶形式（见图2-3-10）。

11.丹麦哥本哈根建筑细部——阳台之一

这是丹麦哥本哈根市政厅墙面中央的阳台，已经发黑的石材述说的它的沧桑，上方镀金的国王雕像分外醒目，彰显着它至高无上的地位（见图2-3-11）。

图2-3-13

图2-3-12

12.丹麦哥本哈根建筑细部——阳台之二

这是半圆柱状的阳台，底部为减轻厚重感，层层缩进递减，顶部折线起伏的淡绿色金属屋顶很有装饰性（见图2-3-12）。

13.瑞典斯德哥尔摩建筑细部——阳台之一

这是典型的古典主义风格的阳台，强调了托脚的作用，阳台下还做了雕刻装饰，使建筑构件完全成为一种重要的装饰构件（见图2-3-13）。

图2-3-14

图2-3-15

14.瑞典斯德哥尔摩建筑细部——阳台之二

这是红砖建筑上的集锦式阳台，纤细的爱奥尼柱子，中间支撑的是哥特式拱券，两侧支撑的是罗马式拱券（见图2-3-14）。

15.芬兰赫尔辛基建筑细部——阳台

黄色墙面上的灰色石材阳台格外突出，阳台护板采用封闭式，圆柱上端的怪兽头像异常凶猛（见图2-3-15）。

16.捷克布拉格建筑细部——阳台

阳台采用铁艺金属护栏，属于工艺美术运动风格，暗色的框架映衬着金色的树叶，显得优雅高贵（见图2-3-16）。

图2-3-16

图2-3-17

图2-3-18

17.斯洛伐克布加迪斯拉发建筑细部——阳台

这是新古典主义风格的阳台，色调搭配非常典雅，精致的雕刻体现了高超的加工技艺，令人赞叹（见图2-3-17）。

18.匈牙利布达佩斯建筑细部——阳台之一

这是匈牙利布达佩斯渔人城堡的观景台，高耸的柱子依势而建，连续的圆拱承托着出挑的阳台，气势磅礴。为了打破沉重感，护栏透出了一个个圆洞（见图2-3-18）。

图2-3-19

图2-3-20

19.匈牙利布达佩斯建筑细部——阳台之二

这是哥特式风格的阳台，纤细的柱子支撑雨棚，阳台的护栏和柱子是一样的造型，非常统一（见图2-3-19）。

20.奥地利维也纳建筑细部——阳台之一

这是巴洛克风格的阳台，造型极具转折、曲直变化，在有限的空间里竭力营造出动感和气势（见图2-3-20）。

21.奥地利维也纳建筑细部——阳台之二

这是工艺美术运动时期的铁艺护栏，过于纤细的线条与建筑本身不十分搭调（见图2-3-21）。

22.瑞士卢塞恩建筑细部——阳台之一

这个铁艺护栏仿佛是众多盘根错节的枝条缠绕在一起，装饰精美，制造工艺精良（见图2-3-22）。

23.瑞士卢塞恩建筑细部——阳台之二

这是很有地方特色的封闭式阳台，圆形壁柱的色彩上下形成强烈的深浅渐变，装饰效果明显（见图2-3-23）。

图2-3-21

图2-3-22

图2-3-23

24.意大利威尼斯建筑细部——阳台

这是意大利威尼斯总督府墙面上的阳台，双圆心的拱顶展现了哥特式建筑风格，甚至连阳台护栏镂空的形状这些微小的细节都非常注重（见图2-3-24）。

25.意大利罗马建筑细部——阳台之一

阳台的托脚以及连续的宝瓶护栏都是典型的古典主义风格（见图2-3-25）。

26.意大利罗马建筑细部——阳台之二

这是典型的文艺复兴风格，弧形、三角形山花，是由米开朗基罗重新设计并形成定式的建筑语汇（见图2-3-26）。

27.奥地利因斯布鲁克建筑细部——阳台之一

这幢建于1494～1496年的古典建筑，是为了纪念国王马克西米一世和米兰的玛丽－毕安卡·斯佛尔札订婚而在新皇宫上的基础上扩建的，面朝大街。整个建筑墙面及阳台雕梁画栋，装饰非常讲究。阳台上面就是因斯布鲁克的标志——装饰华丽的黄金屋顶，它由3450块金箔贴面而成（见图2-3-27）。

28.意大利维罗纳建筑细部——阳台

这就是著名的朱丽叶阳台，位于意大利维罗纳市中心卡佩罗路27号，一个典型的、古朴幽静的中世纪院落。这里是朱丽叶的故居，是当年罗密欧与朱丽叶幽会的场所，如今这里已成为全世界青年男女对誓死捍卫爱情进行膜拜的场所（见图2-3-28）。

图2-3-24

图2-3-26

图2-3-25

图2-3-27

图2-3-28

图2-3-29

图2-3-31

图2-3-30

29.奥地利因斯布鲁克建筑细部——阳台之二

这是巴洛克风格的阳台，涡轮状的山花布满墙面，阳台上断折的角线，模仿植物枝茎的雕刻装饰充满了动态和不安定感（见图2-3-29）。

30.德国慕尼黑建筑细部——阳台

这是文艺复兴风格的阳台。建筑不仅是艺术，同时也是一切艺术的载体，尤其是雕刻艺术。欧洲建筑沿袭了古希腊、古罗马形成的惯式，在建筑上安置人像雕塑（见图2-3-30）。

31.奥地利因斯布鲁克建筑细部——阳台之三

洁白的墙面上架设着粗犷的原木连廊式阳台，形成了具有浓郁的奥地利因斯布鲁克乡村风格的建筑形象（见图2-3-31）。

32.德国法兰克福建筑细部——阳台之一

这是位于建筑拐角的柱廊式阳台，为蓝灰色木结构，镶板、柱头、门楣等处都装饰有精美的木雕花（见图2-3-32）。

33.德国法兰克福建筑细部——阳台之二

这是手法主义风格的作品，檐部雕刻一系列故事情节的雕刻，柱子的造型很奇幻，护栏正中是一头威猛鹰隼的浮雕（见图2-3-33）。

图2-3-32   图2-3-33

34.德国法兰克福建筑细部——阳台之三

为了与沿垂直方向逐层变化的窗套相统一，阳台在不改变材质、色彩的基础上也对应逐层改变了造型（见图2-3-34）。

35.德国德累斯顿建筑细部——阳台之一

托脚敦实厚重，支撑着上面的阳台以及古罗马风格的窗子护柱，给人非常稳定的感觉（见图2-3-35）。

36.德国德累斯顿建筑细部——阳台之二

古典主义风格的建筑立面，在双科林斯巨柱的统领下，里面是柱券结合的带阳台的圆拱窗子，一切都隐含着严谨的逻辑关系（见图2-3-36）。

37.德国德累斯顿建筑细部——阳台之三

这是新古典主义风格的阳台，简化了的线脚上面布满了浅浮雕装饰，托脚也被威猛的狮子头像所装扮（见图2-3-37）。

38.德国柏林建筑细部——阳台之一

这是一个装饰繁复的巴洛克风格的阳台，小巧的圆弧阳台每层腰线形成节奏变化，雕刻装饰、铁艺图形等，都非常精致优美（见图2-3-38）。

图2-3-34

图2-3-35

图2-3-36

图2-3-37

图2-3-38

39.德国柏林建筑细部——阳台之二

这是集锦式建筑风格的阳台，拱券具有哥特式建筑的特点，波形的檐口角线带有巴洛克的特征，心形的山花又有些手法主义的痕迹（见图2-3-39）。

40.德国柏林建筑细部——阳台之三

这组阳台变化繁多，形成了丰富的建筑立面，有很强的节奏感。一层阳台较为标准，是构图的起始；二层阳台侧面边缘呈弧形，巨大的托脚使得阳台出挑很大，形成构图的高潮；三层阳台体量收缩，形成构图的结尾（见图2-3-40）。

41.德国柏林建筑细部——阳台之四

弧线形的阳台非常有特点，给肃穆的建筑立面构图带来了跳跃的装点和节奏变化（见图2-3-41）。

图2-3-39

图2-3-40

42.德国柏林建筑细部——阳台之五

这是红砖建筑的阳台，白色的矮柱、压顶形成了镶板的边框，镶板上是精美的浮雕装饰（见图2-3-42）。

图2-3-43

图2-3-41

图2-3-42

图2-3-44

图2-3-45

图2-3-46

43.德国乌尔姆建筑细部——阳台

白色墙面上悬挂着这个造型独特的暗灰色封闭式阳台，窗扇的形状是一个颠倒的半圆拱（见图2-3-43）。

44.德国纽伦堡建筑细部——阳台之一

阳台位于建筑的转角处，改变了建筑直角相交的生硬，丰富了造型的变化，成为街头非常引人注目的景致（见图2-3-44）。

45.德国纽伦堡建筑细部——阳台之二

在平淡无奇的石材建筑墙面上设置了一个带弧形山花的封闭式木质阳台，具有建筑立面上突变的艺术构图效果（见图2-3-45）。

图2-3-47

图2-3-48

46.德国纽伦堡建筑细部——阳台之三

白色墙面上的这个暗棕色木质封闭式阳台非常醒目，仿佛剧院里的包厢，人们身处其中可以眺望街上的美景，自是一种享受（见图2-3-46）。

47.德国纽伦堡建筑细部——阳台之四

石材墙面上悬挂着木质的封闭式阳台，成为德国纽伦堡市一道优美的街景，每一个阳台形式都不尽相同，悬垂的鲜花更增添了生活气息（见图2-3-47）。

48.德国纽伦堡建筑细部——阳台之五

秉承欧洲传统建筑水平划分的一贯做法，每层阳台都有所变化，一般是在护栏的形式、镶板的装饰图案等内容上加以变化（见图2-3-48）。

图2-3-49

图2-3-50

图2-3-51

49.德国汉堡建筑细部——阳台之一

这是德国汉堡AM KAISERKAI 56住宅，现代感很强的现代建筑，造型简洁，色彩纯粹。阳台没有一定规律地出挑，体现了现代高科技和艺术性的追求（见图2-3-49）。

50.德国汉堡建筑细部——阳台之二

大面积的玻璃幕墙沿着椭圆平面展开，幕墙的凹凸变化区分出室内、室外空间，其中凹进去的部分就形成了阳台（见图2-3-50）。

51.德国汉堡建筑细部——阳台之三

这栋名为马可波罗塔的建筑造型独特，地上17层，每层旋转一定的角度，层层后退。加之悬挑的阳台遮挡住了直射的阳光，因而不必再设置附加的遮阳构件，是立面造型与生态节能完美结合的产物（见图2-3-51）。

52.德国汉堡建筑细部——阳台之四

这是传统民俗建筑，木构架的阳台和墙面装饰、木拱梁、屋顶构成了一个有机的整体（见图2-3-52）。

图2-3-52

图2-3-54

图2-3-53

53.德国汉堡建筑细部——阳台之五

阳台在平面形状、体量上都有所变化，铁艺的直线的刚硬与曲线的柔美形成了对比，与窗户口套的造型一起强化着建筑立面的水平向构图（见图2-3-53）。

54.德国汉堡建筑细部——阳台之六

阳台底板、檐口以及黑色的铸铁护栏都非常简单，五彩滨纷的花瓣起到了扮靓的作用，与盛开的鲜花一起装扮着人们的生活环境（见图2-3-54）。

图2-3-55

图2-3-56

图2-3-57

55.德国汉堡建筑细部——阳台之七

这个现代感很强的阳台钢结构承重，以简洁实用的形式装扮了建筑，使原本平淡无奇的建筑焕发了活力（见图2-3-55）。

56.德国汉堡建筑细部——阳台之八

在平直的红砖建筑外墙上有三个凸起的三角形阳台，简洁明快，使建筑立面有了变化（见图2-3-56）。

57.德国汉堡建筑细部——阳台之九

红色砖墙上洁白厚实的阳台成为绝佳的实用装饰，起伏的弧线和平直的墙线、檐口线等形成了形态上的对比（见图2-3-57）。

58.德国汉堡建筑细部——阳台之十

钢结构承重的阳台造型简洁，同时也有形的变化，感觉非常轻盈，体现着现代材料与建造技术的精致（见图2-3-58）。

图2-3-59

图2-3-58

59.德国科隆建筑细部——阳台之一

这是非常具有立体构成感的现代建筑，充分利用了阳台这个建筑必需的要素，使构造、功能与形式完美地统一起来（见图2-3-59）。

60.德国科隆建筑细部——阳台之二

排列有序的阳台就像是铁箍一样牢牢地抱持着建筑，给人以机械美学的力量感（见图2-3-60）。

61.德国汉诺威建筑细部——阳台

纯洁的白色阳台底面边缘呈弧形，错落地布置在前后叠落的墙面上，形成了一定的优美韵律（见图2-3-61）。

图2-3-60   图2-3-61

第四节 建筑雕饰

　　欧洲建筑大量使用石材与木材，为建筑雕饰艺术提供了广阔的天地；水泥、石膏的运用成为建筑装饰塑形的手段，因此雕与塑便成为欧洲古典建筑重要的细部装饰内容。那些精美的大理石建筑及雕刻艺术非常宏大精美，让人叹为观止。建筑的柱头、山花、墙面、门窗口套等部位都布满了以人物、鬼怪、神像、精灵、动物、植物、天使为主题的圆雕、浅浮雕以及深浮雕。雕刻艺术在建筑装饰上的应用在巴洛克时期达到了顶峰，甚至许多软装饰织物，诸如挽花、结带、丝穗等都能用雕刻的形式以假乱真。

图2-4-1

图2-4-2

　　1.法国巴黎建筑细部——雕饰之一

　　以人物头像为主题的雕像在欧洲古典建筑中应用较多，通常设置在柱子的顶部、门楣、拱顶的中心、山花、镶板等处（见图2-4-1）。

　　2.法国巴黎建筑细部——雕饰之二

　　阳台底板的下面是雕刻装饰的主要部位，羊头也是常用的主题，这个羊头在叶片、花卉的簇拥下俯视着街上的人群（见图2-4-2）。

　　3.法国巴黎建筑细部——雕饰之三

　　红色砖墙、白色理石是一种经典的搭配，本例属于新古典主义风格，盘结在一起的茎枝、树叶、花卉的写实雕刻非常典雅精致（见图2-4-3）。

　　4.法国巴黎建筑细部——雕饰之四

　　坡屋顶上安置圆形的时钟在欧洲古典建筑中是常用的手法，既有使用功能，又具有很好的装饰效果，丰富了建筑立面（见图2-4-4）。

图2-4-3

图2-4-4

图2-4-5　图2-4-6

5.法国巴黎建筑细部——雕饰之五

此设计是用与墙面相同的材质进行雕刻装饰。这件新古典主义的作品以纯粹精湛的雕刻技艺、比例协调的严谨构图及优雅的造型风格引人注目，感染着每一位观赏者（见图2-4-5）。

6.法国戛纳建筑细部——雕饰

阳台托脚是构成欧洲古典建筑整体艺术形象的装饰重点，通常采用植物涡卷纹样与曲线相结合的雕刻形式，并逐渐形成了欧洲古典建筑形式的典型符号，实用而美观（见图2-4-6）。

7.法国尼斯建筑细部——雕饰

这个雕饰以抽象概括了的水花为设计主题，造型舒展、优美，镶板上水花托起城堡的形象述说了这个滨海城市的地理特征和历史传统（见图2-4-7）。

8.法国巴黎建筑细部——雕饰之六

这是塑形建筑的典型风格，毫不夸张地说这个门口套就是一件精美的、完整的雕刻作品，洋溢着非现实的神秘气息（见图2-4-8）。

9.法国巴黎建筑细部——雕饰之七

采用三角形山花雕饰的手法可以追溯到古希腊时代的建筑，一直沿用了两千多年，成为欧洲古典建筑装饰最为经典的符号，其重点在于雕塑的构图既要体现建筑的气魄，又受限于三角山花的边界（见图2-4-9）。

图2-4-8

图2-4-7

图2-4-9

10.法国巴黎建筑细部——雕饰之八

这是法国巴黎马德兰教堂的三角形山花浮雕,正面三角内是1834年梅内尔创作的巨型浮雕"末日审判",构图饱满,人物形象丰富生动(见图2-4-10)。

11.法国巴黎建筑细部——雕饰之九

典型的巴洛克风格的建筑,欧洲的石头建筑为雕塑艺术提供了绝佳的承载场所,几乎所有的古典建筑都有雕塑相伴,尤其是巴洛克建筑。断折的拱形山花处,拱券的中心处,檐口、墙身、窗口套等处都是美轮美奂的圆雕、浮雕,其常用形象有神话人物、卷草叶、天使、王冠、铠甲、橄榄枝、鹰隼、和平鸽等(见图2-4-11)。

12.法国巴黎建筑细部——雕饰之十

半圆拱的两侧、檐口、柱头、券顶石,所有可装饰的部位都布满了石刻,其精湛的雕刻工艺不禁让人惊叹。最上方矗立着纪念主题的人物站像,既有英雄又有鲜花,美不胜收(见图2-4-12)。

13.法国巴黎建筑细部——雕饰之十一

这是巴黎歌剧院建筑外檐的局部,色彩、雕刻装饰繁复。檐部凹凸有致,土黄色凹进的部位两个小天使簇拥着橄榄枝花环;白色突出的部分两侧的仙女在小天使的头顶举着王冠。中间的圆洞里有两尊镀金人物头像,各不相同,成为视线的焦点(见图2-4-13)。

14.法国巴黎建筑细部——雕饰十二

两个半圆拱之间的墙面自然也是雕刻装饰的重点部位,既有浮雕又有圆雕。上面是橄榄枝花环托着的纪念人物的侧脸头像,前面矗立着少女站像,其脚下的乐器具有特定的象征意义(见图2-4-14)。

图2-4-15

图2-4-16

15. 法国巴黎建筑细部——雕饰之十三

源自古希腊伊瑞克提翁神庙的人像柱成为装饰性很强的特殊柱式，被广泛使用。雕像手中黑色的羽毛，山花上展翅欲飞的黑色鹰隼分外醒目（见图2-4-15）。

16. 法国巴黎建筑细部——雕饰之十四

这是法国巴黎歌剧院顶部的雕刻局部，属于巴洛克风格。盛开的花束垂带和刻有帆船浮雕的徽标具有很强的装饰性。女人体手握橄榄枝，男人体手持画板、画笔，扭身仰望，视线聚焦于金色纪念头像（见图2-4-16）。

图2-4-17

图2-4-18

17. 法国巴黎建筑细部——雕饰之十五

这个雕饰属于装饰主义风格，半圆形拱券空白处以浅浮雕加以装点，一侧为无头的战士，一侧为虎头战旗，表现了战争题材（见图2-4-17）。

18. 法国巴黎建筑细部——雕饰之十六

这是古典主义风格的建筑，涡轮状的山花给严谨的立面带来稍微的灵动。肉红色的科林斯柱上站立有青铜女神雕像，两柱之间的圆形盾牌雕刻用色多变（见图2-4-18）。

19. 法国巴黎建筑细部——雕饰之十七

这是典型的手法主义装饰风格，狮子头像装饰的托脚宛似入口的守卫者。门头上的小天使拥卫着纹章和王冠，似在佑护着主人的命运（见图2-4-19）。

图2-4-19

图2-4-20

图2-4-21

图2-4-22

20.法国巴黎建筑细部——雕饰只十八

这是法国巴黎圣母院局部，为典型的哥特式建筑风格，中间是拱门上方的众王廊局部，是28个尺度很大的法国历代君王雕像的一部分，精致逼真，威严而庄重（见图2-4-20）。

21.瑞典斯德哥尔摩建筑细部——雕饰之一

浓重的红色墙面成为很好的背景，手握盾牌的将士在浪花的围绕下似站在船头，仿佛在向人们诉说当年在海上的威风凛凛（见图2-4-21）。

22.瑞典斯德哥尔摩建筑细部——雕饰之二

弧形的拱门上是欧洲常见的集中式构图的主题装饰手法，通常为女神维护在标志的两侧。有倾角的拱形窗上有垂下的橄榄枝和花束（见图2-4-22）。

23.瑞典斯德哥尔摩建筑细部——雕饰之三

这是位于建筑转角部位的仿门廊形态的雕刻装饰，内部雕刻着两个女神，她们抱持着花环，仿佛要赐福于人间（见图2-4-23）。

24.瑞典斯德哥尔摩建筑细部——雕饰之四

这是手法主义风格的雕刻装饰，位于门与拱窗之间，戴着高大厚重头饰的女人头像具有很强的装饰效果（见图2-4-24）。

图2-4-23

图2-4-24

图2-4-25

图2-4-26

图2-4-27

图2-4-28

25.瑞典斯德哥尔摩建筑细部——雕饰之五

　　这是宗教题材很浓重的雕刻作品，最上方是坐在云端的王者，中间是带翅膀的天使，下面为享受人间快乐的孩童，阐述了明确的等级观念（见图2-4-25）。

26.捷克布拉格建筑细部——雕饰之一

　　这是布拉格圣维塔大教堂局部，为典型的哥特式风格建筑的门套设计。层层叠加的手法减弱了墙体的厚重感，正中的雕刻描绘了耶稣受难的故事（见图2-4-26）。

27.捷克布拉格建筑细部——雕饰之二

　　这是典型的哥特式建筑柱头的雕刻纹样，纤细的柱子支撑着多层双圆心拱券，边框上布满哥特式的花瓣，一切都是那样地和谐（见图2-4-27）。

28.匈牙利布达佩斯建筑细部——雕饰之一

　　欧洲古典建筑被称为"石头建筑"，雕塑也因此有了可依附的载体，两者一直相伴相生，即使建筑材料改为了红砖，仍然有大量的雕刻。无论是檐口、窗间墙，只要尺度、构造允许，就会成为雕刻家的乐园（见图2-4-28）。

29.匈牙利布达佩斯建筑细部——雕饰之二

　　这是匈牙利布达佩斯马加什教堂局部，典型的哥特式建筑风格，有一层套一层的双圆心拱券。正中圆形的玫瑰花窗，柳叶窗以及人物雕像都非常精致（见图2-4-29）。

图2-4-29

图2-4-30

图2-4-31

图2-4-32

30.奥地利维也纳建筑细部——雕饰之一

半圆形拱券的两侧站满了神话人物雕像，窗子四周被各种花饰所围绕，窗顶部的人头像各不相同，檐口以常用的天使、王冠、花环为主题。在这里处处都充满雕刻艺术，甚至分不清建筑、雕塑哪个更为重要了（见图2-4-30）。

图2-4-33

图2-4-34

31.奥地利维也纳建筑细部——雕饰之二

倒卧的战士，飘扬的旗帜，正中展开翅膀的苍鹰，共同构成了欧洲古典建筑顶部常用的集中式构图雕刻（见图2-4-31）。

32.奥地利维也纳建筑细部——雕饰之三

这是巴洛克风格的建筑局部，断折的拱形山花套着半圆拱山花，装饰着常用的鹰隼主题。最上端是一组群雕，或站或蹲，有妇女、男童、婴儿和女神，人物身份刻画入微（见图2-4-32）。

33.奥地利维也纳建筑细部——雕饰之四

奥地利维也纳不愧为世界音乐之都，其建筑亦素有静止的音乐之称。漫步街头，有声的古典乐曲与精美的建筑雕刻装饰相互交织，时刻都能体会到这个城市优雅高贵的风情（见图2-4-33）。

34. 奥地利维也纳建筑细部——雕饰之五

奥地利维也纳以精妙绝伦、风格各异的建筑而赢得了"建筑之都"的美誉，以精妙绝伦的装饰而被称为"装饰之都"。在这个集锦主义风格建筑的顶端，金色的皇冠、金色的双头鹰徽标彰显了建筑主人的不凡（见图2-4-34）。

图2-4-35

图2-4-36

图2-4-38

图2-4-37

图2-4-39

35.奥地利萨尔斯堡建筑细部——雕饰之一

两只凶猛的狮子拥卫着正中央的徽标，凸显了其崇高的地位，两侧的人物采用坐姿，以起到衬托的作用（见图2-4-35）。

36.奥地利萨尔斯堡建筑细部——雕饰之二

这是装饰主义风格的建筑，断折的弧形拱顶左右各端坐着一个带翅膀的天使，手捧代表权贵的金色皇冠（见图2-4-36）。

37.比利时布鲁塞尔建筑细部——雕饰之一

窗台下面的镶板上雕刻着具有故事情节的浮雕，且饰以彩色，有较强的装点建筑的作用（见图2-4-37）。

38.比利时布鲁塞尔建筑细部——雕饰之二

这是巴洛克风格建筑的门套，人像柱很特别，采用了侧身形象。拱顶下面凌空飞舞着两个天使，手持代表公正的天平（见图2-4-38）。

39.比利时布鲁塞尔建筑细部——雕饰之三

这是古典主义风格的建筑，经典的科林斯柱头、钉头饰，檐口部位雕有花束，上层是短小的爱奥尼克壁柱，两柱之间有楣心板，顶部还有孩童雕像。各部分比例严谨，进退有度（见图2-4-39）。

图2-4-42

图2-4-40　图2-4-41

40.比利时布鲁塞尔建筑细部——雕饰之四

这是布鲁塞尔市政厅局部，采用白色的大理石建造而成，是最典型的哥特式建筑风格。其运用了哥特风格最常见的雕刻装饰手法，从上而下依次为怪兽、华盖、人物站像、基座、牛腿（见图2-4-40）。

41.德国法兰克福建筑细部——雕饰之一

这是手法主义风格的雕饰，敦实的柱子支撑着阳台的托脚，拐角的托脚之间安置了鹰、盾牌、头像。上方矗立着青铜主题雕像，将雕塑艺术与古典建筑艺术的结合发挥到了极致（见图2-4-41）。

42.德国德累斯顿建筑细部——雕饰之一

这是建筑门廊内部的拐角处，无论是花带雕饰、拱顶的纹样、奖杯造型及人物头像，都给人以精雕细琢的艺术享受（见图2-4-42）。

图2-4-43

43.比利时布鲁塞尔建筑细部——雕饰之五

这是比利时布鲁塞尔国家博物馆，曾是法国路易十四的行宫，为哥特式建筑风格。形成拱券、护栏的花线都那么纤细、轻盈（见图2-4-43）。

44.德国法兰克福建筑细部——雕饰之二

这是建筑顶部的雕刻装饰，旋涡状的耳墙，佩戴着橄榄枝的爱奥尼克柱子，加之顶着王冠的纹章，彰显着家族的荣耀（见图2-4-44）。

图2-4-44

图2-4-45
图2-4-46

图2-4-47

图2-4-48

图2-4-49

45.德国法兰克福建筑细部——雕饰之三

这个雕饰属于新古典主义风格，简化了的窗口套线脚以浅浮雕花形图案为主要装饰重点，给人高贵优雅的感觉（见图2-4-45）。

46.德国法兰克福建筑细部——雕饰之四

这个雕饰位于墙面两层窗洞留下的空白处，将上下左右四个窗子联系起来。其采用红白两色石材，与建筑外墙的材质取得联系（见图2-4-46）。

47.德国德累斯顿建筑细部——雕饰之二

这是典型的巴洛克风格的建筑，那种断折的、略向上弯起的山花、科林斯柱身上的花束、拱窗两侧石刻的布幔，中间的王冠、纹章、头像以及两侧的天使卧像，都显示出了巴洛克那种动荡、喧嚣、不安、混杂的装饰特色（见图2-4-47）。

48.德国德累斯顿建筑细部——雕饰之三

歌德曾说过"没到过德累斯顿就不知道什么是美"。德国德累斯顿的古典建筑之美令人惊叹，这在很大程度上得益于雕刻装饰的设计之雅、制作之精（见图2-4-48）。

49.德国德累斯顿建筑细部——雕饰之四

德国德累斯顿被称为"易北河上的佛罗伦萨"，被誉为欧洲最美丽的城市之一，拥有无数精美的巴洛克建筑，茨温格宫就是其中的佼佼者。尤其是雕塑艺术具有华丽雄壮的效果，给观赏者以强烈的感官刺激（见图2-4-49）。

图2-4-50

50.德国德累斯顿建筑细部——雕饰之五

这个雕饰充分地显示出巴洛克的风格，局部被熏黑的石材让人深深感受到建筑经历的风风雨雨（见图2-4-50）。

51.德国柏林建筑细部——雕饰之一

这是典型的手法主义建筑装饰，以半身人像作为檐部的托脚装饰形式在巴洛克时期达到顶峰。人像从墙面探出来，加之檐口线、门拱顶的流转波动，增强了动感（见图2-4-51）。

图2-4-51

52.德国柏林建筑细部——雕饰之二

这是德国柏林音乐厅的局部，新古典主义风格的建筑。这幅巨型的浮雕作品位于两根科林斯柱子之间的墙面上，与墙体等高，气势恢宏（见图2-4-52）。

53.德国柏林建筑细部——雕饰之三

这是位于德国柏林博物馆旁的柏林大教堂，文艺复兴风格的建筑。有位于拱顶的带翼天使、矗立的国王站像以及手握权杖的卧姿女神，三组青铜雕像层次分明（见图2-4-53）。

图2-4-52

图2-4-53

图2-4-54　图2-4-55

54.德国柏林建筑细部——雕饰之四

这个雕饰采用古典主义的装饰手法，改良了的科林斯柱头，并加入了鹰隼、头盔、橄榄枝、纹章等内容，更加具有装饰效果（见图2-4-54）。

55.德国汉堡建筑细部——雕饰之一

两侧涡轮状的耳墙、中央的徽标和波形的檐口线共同构成了具有巴洛克特征的建筑装饰细部（见图2-4-55）。

56.德国汉堡建筑细部——雕饰之二

这是典型的巴洛克建筑装饰细部，此外，白色的石材与红色的黏土砖形成了色彩的差异，石头的坚硬与玻璃的晶莹形成材质的对比，使其格外突出（见图2-4-56）。

57.德国汉堡建筑细部——雕饰之三

这种以卷草叶为主题的精美雕饰是装饰主义时期的产物，把石头建筑装扮得温馨浪漫（见图2-4-57）。

58.德国汉堡建筑细部——雕饰之四

这是巴洛克建筑装饰风格的代表，利用一切可能的场所，以花束、纹章、人像为题材，采用浮雕、圆雕多种形式，形成极其繁复的装饰（见图2-4-58）。

图2-4-56

图2-4-57　图2-4-58

图2-4-59

图2-4-60

图2-4-61

59.德国汉堡建筑细部——雕饰之五

这是装饰主义风格的雕饰，其不讲求建筑的逻辑关系，提取古典主义的符号进行墙面装饰，不足之处在于过于平面化，缺乏雕塑的立体变化（见图2-4-59）。

60.德国汉堡建筑细部——雕饰之六

这是典型的巴洛克建筑风格，弧形的墙面造型，断折且反方向的山花，雕刻的取材与贝壳形状的纹章都是其善用的装饰手法（见图2-4-60）。

61.英国伦敦建筑细部——雕饰之一

精致的红砖砖雕艺术作品位于一面没有窗户的山墙上，一幅幅单独存在，而又有一定内在的构图联系（见图2-4-61）。

62.英国伦敦建筑细部——雕饰之二

这是墙面镶板雕刻中的一幅，以权杖、宝剑、王冠、花环为创作题材，体现了欧洲传统文化对世界的认知（见图2-4-62）。

63.英国伦敦建筑细部——雕饰之三

一条狗和一只神兽拱卫着王冠，像是在向世人述说：国王的权力受到人间和神界的双重佑护（见图2-4-63）。

图2-4-62

图2-4-63

图2-4-64　图2-4-65

图2-4-66

64.英国伦敦建筑细部——雕饰之四

错落有致、主次有别的枝叶前悬挂着三面徽章，体量虽小，且已现斑驳的痕迹，但仍能看出其精细的雕刻技艺（见图2-4-64）。

65.英国伦敦建筑细部——雕饰之五

这是具有纪念风格的雕饰，严格地左右对称，采用集中式构图（见图2-4-65）。

66.英国伦敦建筑细部——雕饰之六

这是比较具有现代感的墙雕，以概括简练的树为题材，树根部有各种动态、经过抽象的的人物，给人以丰富的想象空间（见图2-4-66）。

67.英国纽卡斯尔建筑细部——雕饰

这是典型的解构主义装饰手法，将古典建筑的装饰局部提取出来，重新加以组合布置（见图2-4-67）。

68.英国格拉斯哥建筑细部——雕饰

仿木质的船头破墙而出，奇特而不常见的装饰形式，起到了引人瞩目的装饰效果（见图2-4-68）。

图2-4-67

图2-4-68

第五节 其他

一、屋顶

屋顶是房屋顶部的覆盖部分，它不仅具有承重、维护的作用，而且也是建筑艺术重要的造型要素。

古希腊建筑的双面坡屋顶形成了建筑前后山花墙装饰的特定手法；古罗马因为使用了强度高、施工方便、价格便宜的火山灰混凝土，掌握了拱券结构、圆拱、十字拱的技术，实现了大跨度的穹顶；拜占庭建筑穹窿顶成为整座建筑的构图中心，这得益于帆拱、鼓座结构的发明；束柱、尖券支撑使得双坡哥特式屋顶大气恢弘；文艺复兴时期为增大穹窿的尺度采用了双层薄壳形，两层之间留有空隙，往往在圆顶的正中还修建有尖顶塔亭；巴洛克屋顶布满了雕刻，穹顶不再局限于圆形，出现了椭圆形、钟形等穹顶；古典主义建筑屋顶的特征为深灰色，有转折，常带精致的老虎窗。

随着建筑科学技术的发展，出现了许多新型结构的屋顶，如球形屋顶、鞍形屋顶、拱屋顶、折板屋顶、薄壳屋顶、悬索屋顶等。随着生态设计的深入，屋顶花园、覆土屋顶等也被广泛采用。这些屋顶的结构形式独特，使得建筑物的造型更加丰富多彩。

图2-5-1

图2-5-2

1.法国巴黎建筑细部——屋顶之一

这是古典主义建筑风格的屋顶，采用黑灰色砖石结构，带圆形老虎窗的长椭圆穹顶造型古朴，非常有特点（见图2-5-1）。

2.法国巴黎建筑细部——屋顶之二

这是欧洲古典建筑屋顶的采光亭，通常与钟楼结合在一起，以深色为主，与浅色的墙面形成了鲜明对比，在蓝天的掩映下格外醒目（见图2-5-2）。

3.法国里尔建筑细部——屋顶之一

这是典型的欧洲古典主义风格建筑的屋顶，采用集中式构图，中央为钟形的穹顶，两翼为带老虎窗的双坡顶（见图2-5-3）。

图2-5-3

图2-5-5

图2-5-4

图2-5-7

图2-5-6

4.法国巴黎建筑细部——屋顶之三

这是带有双层老虎窗的欧洲古典主义风格建筑的屋顶，老虎窗错落有致，形成一定的节奏感（见图2-5-4）。

5.法国巴黎建筑细部——屋顶之四

这是著名的法国巴黎荣军院，为古典主义建筑风格。穹窿顶端距地面106.5米，是整座建筑的中心，外观呈抛物线状，略微向上提高，顶上还加了一个文艺复兴时期惯用的采光亭（见图2-5-5）。

6.法国巴黎建筑细部——屋顶之五

这是现代主义风格建筑的屋顶，球状薄壳结构，球形网架暴露在外，使结构与装饰完美统一，体现了现代建筑技术与艺术结合的特征（见图2-5-6）。

7.法国尼斯建筑细部——屋顶之一

这个胶囊状的深色屋顶带有两个圆形小老虎窗，与正中央装饰繁复的巴洛克风格的山花形成色彩、繁简的对比（见图2-5-7）。

8.法国巴黎建筑细部——屋顶之六

这是正宗的古典主义建筑风格，立面竖向五段式，屋顶也为五段式，后面是架在高高鼓座上的穹顶，穹顶上还安置了耸立的采光亭，形成水平向与垂直向的对比（见图2-5-8）。

图2-5-8

图2-5-9

图2-5-10

图2-5-11

图2-5-12

9.法国尼斯建筑细部——屋顶之二

这是拜占庭风格建筑的屋顶，其穹顶数量较多，体量不同，高低前后错落，外观似洋葱头，顶端矗立着十字架，屋瓦色彩斑斓（见图2-5-9）。

10.法国里尔建筑细部——屋顶之二

这是尺度很大的四坡屋顶，老虎窗造型独特，形似一个个四角攒尖的亭子，屋脊部位矗立着烟囱。为了强调立面的中轴，中间的老虎窗尺度变大，且改变了材质与造型，后面更设置了高高耸立的采光亭（见图2-5-10）。

11.法国巴黎建筑细部——屋顶之七

这是非常典型的古典主义风格的建筑屋顶，采用水平五段式构图，中央大体量的半圆球穹顶与两侧体量相对小的钟形穹顶，立面的半圆形拱券与两侧的三角形山花形成对比，从而突出强化了中间部分（见图2-5-11）。

12.法国巴黎建筑细部——屋顶之八

这是经典的古典建筑五段式结构，中央为带鼓座的钟形穹顶，两侧为梯形屋顶（见图2-5-12）。

图2-5-13

图2-5-14

13.法国里尔建筑细部——屋顶之三

这是一个形式变化丰富的屋顶，两侧的坡屋顶与中间的坡屋顶平面成90度相交，两边最外侧还有半球状的穹顶（见图2-5-13）。

图2-5-15

14.捷克布拉格建筑细部——屋顶

非常有地域特色的欧洲中世纪建筑，除了正中的主屋顶外，四角或八角还有小尖塔，整个屋顶看上去就像一团火焰（见图2-5-14）。

15.法国巴黎建筑细部——屋顶之九

这是薄壳结构的现代主义建筑，形成大跨度、姿态优美的屋顶，彰显了现代新材料、新技术在建筑上的应用（见图2-5-15）。

图2-5-16　　　　图2-5-17

图2-5-18

图2-5-19

图2-5-20

16.德国慕尼黑建筑细部——屋顶

中间带采光亭的穹顶部分是保留下来的老建筑，原来的两侧部分被毁，代之以钢架玻璃的半圆拱顶，传统与现代结合在一起（见图2-5-16）。

17.德国德累斯顿建筑细部——屋顶

这是造型非常奇特的建筑屋顶，巴洛克式的亭子上局部镀金的屋顶高高在上，宛似一顶华贵的王冠（见图2-5-17）。

18.德国不莱梅建筑细部——屋顶之一

这座建筑位于德国不莱梅大学，屋顶与墙面浑然一体，宛若一个天外来物（见图2-5-18）。

19.德国不莱梅建筑细部——屋顶之二

这个建筑的红屋顶设计非常灵活多变，有高低起伏，有体量变化（见图2-5-19）。

20.德国柏林建筑细部——屋顶之一

这是德国柏林现存最大的宫殿——夏洛滕堡宫，为意大利巴洛克式风格。蓝绿色的穹顶上矗立着采光亭，亭上站立着鎏金人像。圆形的老虎窗很有特点，每个窗上都有一个皇冠（见图2-5-20）。

21.德国柏林建筑细部——屋顶之二

这是现代折板式建筑屋顶，洁白的色彩，向上集中的造型，给人以力量感，同时形成了大跨度的室内空间（见图2-5-21）。

22.德国汉堡建筑细部——屋顶

这是钢架构玻璃屋顶，晶莹剔透的外观带来了充足的自然采光，也体现出现代建造技术之美（见图2-5-22）。

图2-5-21

图2-5-22

二、壁龛

壁龛源于英文"Niche",有拾遗补缺或见缝插针的意思,在这里指在墙身上所留出的用作贮藏设施的空间。早在古希腊、古罗马时期就出现了矩形、半圆形壁龛,通常镶嵌着阿波罗、和平女神、小爱神等历代君王、圣徒和神话英雄的塑像,这种墙面装饰手法很适合表现宗教等纪念题材,被欧洲古典建筑、古典园林广泛使用。

1.英国伦敦建筑细部——壁龛

壁龛做得很简单,没有任何装饰线脚,雕像刻画细致入微,生活化的场景,让人感觉很亲切(见图2-5-23)。

2.西班牙巴塞罗那建筑细部——壁龛

这是一个简易的壁龛,非写实的人物形象双手摊开向天,表现了对上帝的崇敬之情(见图2-5-24)。

3.瑞典斯德哥尔摩建筑细部——壁龛之一

这是一个半圆拱的壁龛,龛顶装饰有蚌纹。青铜人物雕像与龛的尺度比例适宜,在阳光的照射下,形成很好的光影效果(见图2-5-25)。

4.瑞典斯德哥尔摩建筑细部——壁龛之二

图2-5-23

图2-5-24

在壁龛的外面装饰有一个古罗马风格的窗口,这一经典建筑装饰语汇源于古罗马的万神庙(见图2-5-26)。

5.瑞典斯德哥尔摩建筑细部——壁龛

这是一个红砖砌筑的壁龛,基座、雕像、华盖的黑色石材与红砖形成相互映衬的关系(见图2-5-27)。

图2-5-27

图2-5-25

图2-5-26

图2-5-28

图2-5-29

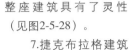

图2-5-30

6.捷克布拉格建筑细部——壁龛之一

壁龛位于建筑的转角部位，使墙面生硬的折角富于装饰性，也让整座建筑具有了灵性（见图2-5-28）。

7.捷克布拉格建筑细部——壁龛之二

这是传统的古典主义风格造型，为经典的宗教题材，宁静而典雅（见图2-5-29）。

8.匈牙利布达佩斯建筑细部——壁龛

在粉红色石材映衬下，白色理石的壁龛得以强化，高浮雕的设计形式讲述着传说中的故事（见图2-5-30）。

9.奥地利维也纳建筑细部——壁龛之一

壁龛做成窗子的形式，浮雕表现了耶稣受难的故事（见图2-5-31）。

10.奥地利维也纳建筑细部——壁龛之二

龛顶是四个天使拱卫着纹章，龛中心的浮雕刻画了宗教故事，两侧还有人物站像，众多雕像很好地组合在一起（见图2-5-32）。

11.奥地利萨尔斯堡建筑细部——壁龛

纯白的墙面与壁龛突出了深色的雕像，使其色彩、形态充分地展现出来，非常引人注目（见图2-5-33）。

图2-5-32　图2-5-33

图2-5-31

图2-5-34　　图2-5-36　　　　　　　　　　　　图2-5-35

12.意大利罗马建筑细部——壁龛之一

这是意大利罗马著名的海神喷泉，凹进去的立方体的龛造型极其简洁，左右各一，分别矗立着代表丰裕和健康的女神雕塑（见图2-5-34）。

13.意大利罗马建筑细部——壁龛之二

这是巴洛克装饰风格的壁龛，处于一段弧形墙面上，断折而波动起伏的山花具有很强的动感（见图2-5-35）。

14.比利时布鲁塞尔建筑细部——壁龛之一

这是比较少见的圆形壁龛，女人胸像慈祥温和，头戴金冠，胸系丝带，优雅而高贵（见图2-5-36）。

图2-5-38

图2-5-37

15.梵蒂冈建筑细部——壁龛

这是梵蒂冈圣彼得大教堂内部壁龛，雕像呈稳定的三角构图，且不局限于壁龛内部，具有丰富的进深变化（见图2-5-37）。

16.比利时布鲁塞尔建筑细部——壁龛之二

这就是世界闻名的比利时布鲁塞尔小于廉撒尿雕像，小于廉站在浪花状的台基上，背面是巴洛克式的龛，衬托出了黑色的雕像（见图2-5-38）。

17.法国巴黎建筑细部——壁龛

圆形的拱顶、壁柱的柱身、雕像的基座等处都布满了装饰浮雕，人物体态丰腴，写实传神（见图2-5-39）。

图2-5-39　　　　　　　　　　　　　图2-5-40　　　　　　　　　　　　　图2-5-41

18.法国巴黎建筑细部——壁龛之二

这是哥特式建筑外墙的壁龛，上面是连续的弓形拱顶，人物一手握权杖，一手抱圣经，让人感受到宗教的高深莫测（见图2-5-40）。

19.德国德累斯顿建筑细部——壁龛

这是巴洛克装饰风格的壁龛，制作美轮美奂，不禁让人惊叹雕刻家的高超技艺（见图2-5-41）。

20.德国杜塞尔多夫建筑细部——壁龛

这是由粗犷的红色石块砌筑而成的壁龛，让人感觉非常古朴。雕像一手持天平，一手握宝剑，寓意公正裁决（见图2-5-42）。

21.意大利佛罗伦萨建筑细部——壁龛之一

这是哥特式风格的壁龛装饰，上方形成了穹顶式的华盖，里面坐落着圣母与圣子的雕像（见图2-5-43）。

22.意大利佛罗伦萨建筑细部——壁龛之二

白色理石的壁龛在土黄色墙面的衬托下很突出，壁龛的拱券形式与建筑取得了统一，以场景的方式讲述着宗教故事（见图2-5-44）。

图2-5-42　　　　　　　　　　　　　图2-5-43　　　　　　　　　　　　　图2-5-44

三、护栏

楼梯、桥梁、阳台等处都安装有护栏，古代护栏多采用木制、砖砌、石雕等，随着科学技术的进步，越来越多的新材料被应用到护栏中，如铁艺护栏、PVC塑料护栏、铝型材护栏、不锈钢护栏等。不同的材质能够给人不同的心理感受，如石材护栏凝重大方，铁艺护栏形态优美，木质护栏自然温馨。

最早人们使用的是木质护栏，但木质护栏易产生老化、虫蛀等，使用寿命很短，多数只应用在室内。石材护栏经久耐用、美观气派，多采用宝瓶的形式，局部加以雕刻，有的饰以彩绘。铁艺护栏既有单独式的，也有连续几何式的；有写实的，也有图案化的；有横向或纵向延展的，也有四方铺陈的，形式多种多样。13世纪欧洲创造出了精美的、可塑性强的铁艺品；文艺复兴时期，铁艺融入了线条流畅、时尚典雅的浪漫飘逸之风；从17、18世纪巴洛克、洛可可风格盛行一时，19世纪铁艺护栏开始作为建筑装饰构件广为流行，至20世纪的新艺术运动，都留下了无数杰出的范本。

图2-5-45

图2-5-46

图2-5-47

图2-5-48

1.西班牙巴塞罗那建筑细部——护栏之一

该护栏灵感源于植物的枝茎，姿态优美，曲线优雅，不仅起到围护的作用，更是一件难得的艺术品（见图2-5-45）。

2.西班牙巴塞罗那建筑细部——护栏之二

这是非常奇特、有个性的窗户护栏，仿佛一个个张开翅膀的抽象形态的蝙蝠（见图2-5-46）。

3.西班牙巴塞罗那建筑细部——护栏之三

设计者充分利用铁艺可塑性强的特点，采用扭曲、弯折等手法，制作出很有特色的圆形阳台护栏（见图2-5-47）。

4.德国汉诺威建筑细部——护栏

这是柱廊式的石雕护栏设计，中间增加了装饰性的镶板（见图2-5-48）。

5.法国巴黎建筑细部——护栏

这个铁艺护栏仿佛是被风吹拂倾斜的盛开着的花，体现了法国人的浪漫情怀（见图2-5-49）。

6.比利时布鲁塞尔建筑细部——护栏

这是典型的哥特式建筑护栏（见图2-5-50）。

图2-5-49　　图2-5-50

图2-5-51

图2-5-52

图2-5-53

7.奥地利萨尔斯堡建筑细部——护栏

这是经典的宝瓶形式的欧洲古典建筑护栏（见图2-5-51）。

8.德国科隆建筑细部——护栏

这是精美的工艺美术运动风格的铁艺护栏（见图2-5-52）。

9.德国德累斯顿建筑细部——护栏

每个护栏的墩柱上都矗立着姿态各异的人物雕像，增加了景观的内容和层次（见图2-5-53）。

四、台阶

台阶是用来连接不同标高的空间的一组踏步，起到不同高程之间的连接作用和引导视线的作用。直上直下的台阶看上去有种单一感，但可丰富空间的层次，尤其是高差较大的台阶会形成不同的近景和远景的效果。因为西方古典建筑重于石材使用，所以台阶很早就出现了，并被赋予了装饰意义，甚至成为当地的地标性景致，比较著名的有圣山圣母陶瓷台阶、西班牙台阶等。

现代景观台阶更是运用多种科技手段，实现多种使用功能。有些台阶可作为表演看台，布置休息设施，与地形结合的跌水、石景、雕塑等，使台阶具有了韵律感、形式美、光影变化、特殊质感以及特殊的视觉体验等美学特征，创造出许多有特色和趣味性的景观效果。

1.意大利罗马建筑细部——西班牙台阶

这个台阶建于1723年，位于意大利罗马，共137级，因旁边的西班牙大使馆而得名。大台阶下面是贝尔尼尼父亲的作品——小舟喷泉。一条小舟半淹在水池中，喷泉的水先流入船中，再从船的四边慢慢溢出；上面是法国人16世纪修建在西班牙广场的地标性建筑——哥特式的圣三一教堂。这里还是《罗马假日》的拍摄场地，能找到赫本曾经流连的花店和冰激凌店。每年夏天，这里都会成为展示意大利时装的展示台，来自世界各地的名模身着霓裳款款而下，将人们带入炫目而神奇的意境（见图2-5-54）。

图2-5-54

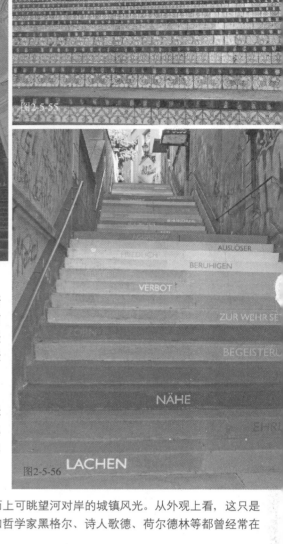

图2-5-55

2.意大利西西里岛建筑细部——圣山圣母陶瓷台阶

这个台阶于1608年修建，位于西西里岛的卡尔塔吉龙小镇，当地以生产陶瓷而著称。大台阶对面是该城的市政厅，上面是圣山圣母教堂。台阶共有142级，每一级都有手工雕画出的传统陶瓷装饰，采用了沿袭千年的传统样式。每10级为一个主题，记录着这个小镇的历史。在重要庆典期间，台阶会被鲜花和蜡烛装点，被誉为"世界上最美丽的台阶"（见图2-5-55）。

3.德国乌帕塔建筑细部——彩虹台阶

这个彩虹台阶出自德国艺术家Horst Glasker之手，共有112层台阶，阶梯被涂成鲜艳的彩虹色，两侧墙面尽是涂鸦绘画，阶梯上还印着一些关于爱情、友情等德语单词。色彩缤纷的台阶具有化腐朽为神奇的效果，当阳光洒落在阶梯上时，会带给人非常美妙的感受（见图2-5-56）。

4.德国海德堡建筑细部——哲学家小路

这个台阶位于德国海德堡市内卡河北岸的山丘上，与海德堡城堡隔河相望，沿阶而上可眺望河对岸的城镇风光。从外观上看，这只是一条普通的山间小路，但其上却留下了许多历史上著名的诗人、哲学家一串串脚印，如哲学家黑格尔、诗人歌德、荷尔德林等都曾经常在这里散步和思考（见图2-5-57）。

图2-5-56

5.法国莫尔莱建筑细部——台阶

在很普通的台阶上画上少女的头像，展现出一种迷人的乡村风格，让爬楼梯变得非常有趣味（见图2-5-58）。

图2-5-57

图2-5-58